"十三五"职业教育国家规划教材

普通高等职业教育计算机系列规划教材

U0210420

用微课学
计算机应用基础
（Windows 7+Office 2010）

主　审　余爱民

主　编　郭永玲　曾文权

副主编　邹晶晶　段班祥　曾珍珍

电子工业出版社

Publishing House of Electronics Industry

北京·BEIJING

内 容 简 介

本书根据全国计算机等级考试大纲（2013 年版）的基本内容组织编写。编写时充分考虑了大学生的知识结构和学习特点，教学内容注重计算机基础知识的介绍和学生动手能力的培养。

本书为高职高专院校计算机应用基础课教材，重点介绍计算机系统安装、Windows 7 操作系统、Word 2010 文档处理、Excel 2010 电子表格处理、PowerPoint 2010 演示文稿制作、网络应用等内容，每章内容通过设置子任务逐步展开，由易到难，由简单到复杂，符合学习规律，有利于适应高职项目化教学要求，适应学生的学习特点；将知识点融于任务之中，以激发学生的学习热情和兴趣，让学生善学、乐学；将每个任务又以微课的形式呈现，给教师授课和学生学习提供方便，增强学生学习效果；同时，在每个教学项目之后都有与之对应的任务体验，强化计算机操作能力，逐步提高学生使用计算机解决问题的技能。"以项目为载体、任务引领、用微课学"是本书编写的基本特色，着眼于能力培养，提高课堂效率。

本书可作为高等院校计算机公共基础课程教材，也可作为参加计算机基础知识和全国计算机等级考试一级考试人员的培训教材。

图书在版编目（CIP）数据

用微课学·计算机应用基础：Windows 7+Office 2010 / 郭永玲，曾文权主编.   北京：电子工业出版社，2017.1

普通高等职业教育计算机系列规划教材

ISBN 978-7-121-30352-4

Ⅰ. ①用… Ⅱ. ①郭… ②曾… Ⅲ. ①Windows 操作系统—高等职业教育—教材②办公自动化—应用软件—高等职业教育—教材 Ⅳ. ①TP316.7②TP317.1

中国版本图书馆 CIP 数据核字（2016）第 274224 号

策划编辑：徐建军（xujj@phei.com.cn）

责任编辑：郝黎明

印　　刷：三河市华成印务有限公司

装　　订：三河市华成印务有限公司

出版发行：电子工业出版社

　　　　　北京市海淀区万寿路 173 信箱　邮编　100036

开　　本：787×1 092　1/16　印张：18　字数：460.8 千字

版　　次：2017 年 1 月第 1 版

印　　次：2023 年 8 月第 20 次印刷

定　　价：45.00 元

凡所购买电子工业出版社图书有缺损问题，请向购买书店调换。若书店售缺，请与本社发行部联系，联系及邮购电话：（010）88254888，88258888。

质量投诉请发邮件至 zlts@phei.com.cn，盗版侵权举报请发邮件至 dbqq@phei.com.cn。

本书咨询联系方式：（010）88254570。

Preface 前言

计算机应用基础课程已经成为高校学生的必修课，它为学生了解信息技术的发展趋势，熟悉计算机操作环境及工作平台，具备使用常用工具软件处理日常事务的能力和培养学生必要的信息素养等奠定了良好的基础。

计算机信息技术的日新月异，要求学校对计算机的教育也要不断改革和发展。特别对于高职教育来说，教育理论、教育体系及教育思想正处于不断的探索之中。为促进计算机教学的开展，适应教学实际的需要和培养学生的应用能力，原有的许多教材在内容选取及教学模式组织上已经不能适应高职教育的需要。因此，本书对计算机应用基础教材从内容及组织模式上进行了不同程度的调整，使之更加符合当前高职教育教学的需要。

本书以目前最为普及的操作系统 Windows 7 和 Office 2010 软件为基础进行编写，强调基础性与实用性，突出"能力导向，学生主体"原则，实行项目化课程设计，把计算机基础知识划分为六大应用部分，包括计算机基础知识、Windows 7 操作系统基础、文字处理软件、电子表格软件应用、演示文稿软件、网络初步知识及应用，每部分内容通过设置子任务逐步展开，由易到难，由简单到复杂，符合学习规律，有利于适应高职项目化教学要求，适应学生的学习特点；将知识点融于任务之中，以激发学生的学习热情和兴趣，让学生善学、乐学。将每个任务又以微课的形式呈现，给教师授课和学生学习提供方便，增强学生学习效果；同时，在每个教学项目之后都有与之对应的任务体验，强化计算机操作能力，逐步提高学生使用计算机解决问题的技能。符合现代高职教育理念，注重综合应用能力的培养，注重解决问题能力及团队协作精神的培养，提高应用技能。

以计算机的实际工作任务为线索，经分析、归纳、提炼，精心设计了一组涉及面广、实用性强的工作任务，按照学生的认知规律将计算机应用知识融入典型的工作任务中，力求达到"以就业为导向、以能力为本位、提高操作技能"的教学目标。本书力图体现以下特色。

1. 教材中所列的知识点和技能点均已做成了"微课"，学生在使用时可直接扫描二维码进行学习，从而颠覆传统的课堂教学模式、提高课堂教学的效率。

2. 关注学生学习的兴趣爱好，在内容编排上构造贴近工作实践的学习情境，教学内容都是与工作有直接关联的"热点"问题。

3. 采用新版本的应用软件，与实际使用无缝对接，如 Microsoft Office 2010。

4. 在呈现方式上尽可能减少文字叙述，采用屏幕截图，以增强其现场感和真实感。通过任务拓展方式，对所学的内容做进一步的延伸。

各项目教学学时安排建议如下：

序 号序 号	课 程 内 容	教 学 时 数	
		讲授与上机	说　明
1	计算机系统安装	8	建议在多媒体教室或机房组织教学，学用结合、讲练结合
2	Windows 7 操作系统	4	
3	Word 2010 文档处理	16	
4	Excel 2010　电子表格处理	16	
5	PowerPoint 2010 演示文稿制作	8	
6	网络应用	2	
合　　计		54	

本书由广东科学技术职业学院的郭永玲、曾文权担任主编，并负责全书最终统稿，由邹晶晶、段班祥、曾珍珍担任副主编，由余爱民担任主审。

为了方便教师教学，本书配有电子教学课件及相关资源，请有此需要的教师登录华信教育资源网（www.hxedu.com.cn）免费注册后下载，如有问题可在网站留言板留言或与电子工业出版社联系（E-mail：hxedu@phei.com.cn）。

教材建设是一项系统工程，需要在实践中不断加以完善及改进。由于编者水平及时间有限，书中难免存在疏漏和不足之处，恳请同行专家和读者给予批评和指正。

编　者

Contents 目录 >>>>>

053 第 3 章 Word 2010 文档处理

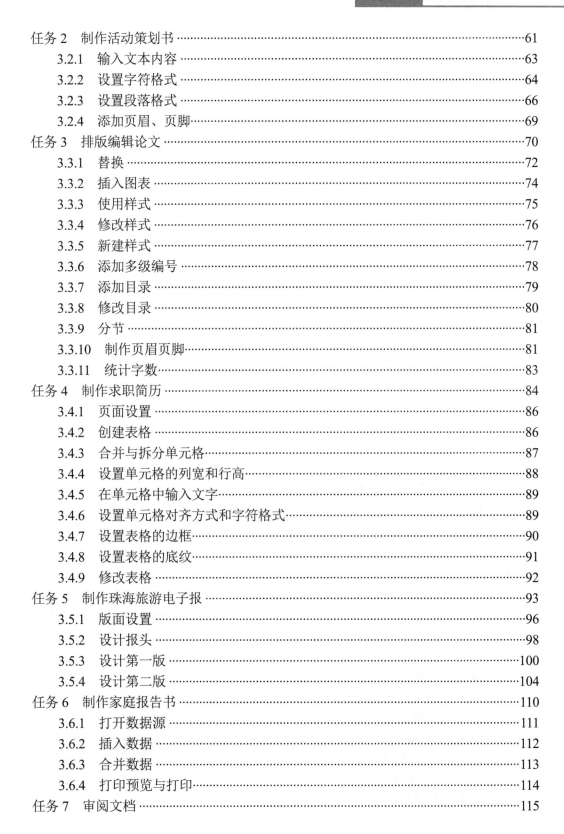

124　第 4 章　Excel 2010 电子表格处理

192 第 5 章 PowerPoint 2010 演示文稿制作

248　第 6 章　网络应用

第 1 章　计算机系统安装

任务 1　配置计算机

任务描述

小明既是一位游戏美工，又是一位游戏"发烧友"，最近想配置一台计算机，主要用于工作和娱乐。

微　课

观看本任务微课视频
扫一扫二维码

任务分析

要配置一台计算机，首先要确定需求和价位，其次要看各硬件配置情况，这不仅要看CPU，还要了解其他主要部件与CPU的兼容性，以发挥计算机的整体性能。

根据小明的需求，配置的计算机主要用作图形制作和游戏娱乐。因此，CPU应选择中高端产品，以Intel为例，低端的i3 CPU只能应付办公，而中高端的i5、i7 CPU更适合图形设计。玩游戏第一重要因素是显卡，要玩大型游戏，最好配置独立高端显卡。否则，用户只能天天关注以帧为单位的3D性能测试软件，根本照顾不到某些硬件资源消耗大的游戏。另外，电源的质量、主板的兼容性、键盘和鼠标的手感等对于图形设计和游戏爱好者都是需要特别考虑的。基于此，小明计算机的配置单如表1-1所示。

表1-1　计算机配置单

配 件 名 称	配 件 型 号
CPU	Intel 酷睿 i5 4590 四核处理器（3.3GHz/6MB 高速缓存）
主板	技嘉 B85-HD3-A
内存	金士顿 8GB DDR3 1600MHz
硬盘	希捷 1TB SATA3.0 7200 转 单碟容量 1000GB
显卡	七彩虹 iGame750Ti 烈焰战神 U-Twin-2GD5
声卡	主板集成
网卡	主板集成
显示器	AOC E2270SWN 21.5 英寸
鼠标/键盘	罗技无影手 Pro 2400 无线键鼠套装
电源	鑫谷劲翔 600 走线王
机箱	鑫谷战车 TF

相关知识

1．计算机系统

计算机系统是由硬件系统和软件系统两部分组成的。

2．计算机硬件系统

计算机的硬件系统是指组成计算机的各种物理设备，也就是人们看得见、摸得着的实际物理设备。

3．计算机软件系统

软件系统是指由系统软件和应用软件组成的计算机软件系统。

4．计算机的主要性能指标

计算机功能的强弱或性能的好坏，不是由某项指标决定的，而是由多方面的因素决定的，可以从CPU的运算速度、内存和硬盘的容量、计算机内部的传输速度等指标来判断一台计算机的整体性能。

任务实施

1.1.1 计算机概述

计算机是一种能够自动、高速地进行算术和逻辑运算的电子设备。随着信息技术和信息产业的飞速发展，计算机作为信息处理工具之一，已经融入人们的学习、生活和工作当中。计算机应用能力已成为现代企业用人的重要衡量标准，因此，计算机知识也成为当代大学生知识组成的重要部分。

1）世界上第一台计算机

1946 年 2 月 14 日，世界上第一台计算机，即电子数字积分计算机（Electronic Numerical Integrator and Calculator ，ENIAC）在美国宾夕法尼亚大学诞生。虽然它的速度已超过当时最快计算工具的 300 倍，但是因为没有使用内存储器，还是削弱了它的计算性能。

1945 年 6 月，被称为计算机之父的美籍匈牙利数学家冯·诺依曼提出采用二进制表示数据、存储程序和自动控制的概念，为现代计算机的体系结构和工作原理奠定了基础。

2）现代计算机的发展阶段

根据计算机所采用的电子元件将计算机的发展分为 4 代。

第一代：电子管计算机，主要以电子管作为主要元件。

第二代：晶体管计算机，晶体管代替了电子管作为计算机的主要元器件。

第三代：集成电路计算机，以小规模集成电路（Small Scale Integrated circuits，SSI）和中规模集成电路（Medium Scale Integrated circuits，MAI）作为主要元件。

第四代：以大规模集成电路（Large Scale Integrated circuits，LSI）和超大规模集成电路（Vary Large Scale Integrated circuits，VLSI）作为主要元件。

从第一代到第四代，计算机的体系结构都是相同的，都是由控制器、存储器、运算器和输入输出设备五大部分组成的，这种结构被称为冯·诺依曼体系结构。

从 20 世界 80 年代以来，很多国家开始着手进行第五代计算机的研究和开发，第五代计算机不再采用冯·诺依曼体系结构，而采用以处理知识为基础，智能化程度高的新物理元件。从新的研究结果来看，在不久的将来，量子计算机、光子计算机、生物计算机有可能取代现在的电子计算机。

3）计算机的特点

① 运算速度快，计算机的运算速度是指计算机在单位时间内执行指令的平均数量，通常用每秒钟完成基本加法指令的数目来衡量。目前高性能计算机运算速度高达数十万亿次。

② 计算精度高，计算机的计算精度主要由表示数据的字长决定，字长越大精度越高。现代计算机几乎可以满足任意精度的要求。

③ 具有逻辑判断能力，计算机不仅能完成算术运算，还具有比较、判断等逻辑运算的功能。

④ 存储容量大，计算机内的存储器可以存储大量的数据和信息。目前微机的内存容量一般在 512MB～8GB。

⑤ 程序执行自动化，由于计算机具有存储记忆能力和逻辑判断能力，所以人们可以将事先编好的程序存入计算机内存储器，在程序控制下，计算机可以连续、自动地执行，不

需要人的干预。

4）计算机的分类

根据计算机处理信息的规模大小，可以将计算机分为巨型机、大型机、中型机、小型机和微型机。其中应用最广泛的是微型机，平时在公司、学校和家庭见到的一般是微型机，也称个人计算机（Personal Computer，PC）。

5）计算机的应用领域

现代的计算机已经渗透到人们生活的各个方面，主要应用领域包括以下几个方面。

（1）科学计算。

科学计算是计算机最早的应用领域。现代被广泛应用于天文学、动力学、建筑学等多种高科技领域。

（2）数据处理。

数据处理是目前最大的计算机应用领域，如日常事务处理、办公自动化等都属于数据处理范围。

（3）过程控制。

过程控制又称实时控制，是指计算机实时地采集、检测被控对象运行情况的数据，然后按照一定的方法进行分析处理，最后反馈到执行机构发出控制信号，去控制相应的过程。例如，大型生产企业、国防工业中的工艺流程控制，数控机床控制，电炉温度控制等都有采用过程控制。

（4）计算机辅助技术。

计算机辅助技术是利用计算机作为工具，辅助人们在特定领域完成任务的理论、方法和技术。目前计算机辅助技术应用比较广泛的有 CAD、CAM、CIMS、CBE、CAT 和 CS 等。

计算机辅助设计（Computer Aided Design，CAD）是指利用计算机帮助设计人员进行设计。

计算机辅助制造（computer Aided Manufacturing，CAM）是指利用计算机进行生产设备的管理、控制和操作的过程。

计算机集成制造系统（Computer Integrated Manufacture System，CIMS），就是 CAD、CAM、PDMS（产品数据库管理系统）等子系统的技术集成。

计算机辅助教育（Computer Based Education，CBE）是指利用计算机辅助教学、管理教学。

计算机辅助测试（Computer Aided Testing，CAT）是指利用计算机完成各种复杂测试工作的系统。

计算机模拟（Computer Simulation，CS）是指利用计算机模拟真实系统的技术，如模拟军事演示、模拟飞机飞行训练、模拟体育训练等。

（5）计算机网络。

计算机网络是计算机技术和通信技术相结合的产物，如通过网络购物、发送邮件、学习等，都属于计算机网络的应用。

（6）人工智能。

人工智能（Artificial Intelligence，AI），就是利用计算机来模仿人的智能，是新一代计算机的研究方向，如机器人、专家系统、模式识别、机器翻译等都属于对人工智能的开发和研究。

（7）电子商务。

电子商务，是基于互联网，买卖双方不用谋面而进行的各种商贸活动，如网上转账、网上购物、网上物品转让等都属于电子商务应用。

6）计算机的发展趋势

从应用上看，计算机正向着系统化、网络化、智能化、多媒体方向发展。

1.1.2 计算机系统

一个完整的计算机系统是由硬件系统和软件系统组成的，如图 1-1 所示。硬件系统是指构成计算机的物理设备。软件系统是指计算机所使用的各种数据、程序的集合以及相关的文档资料。

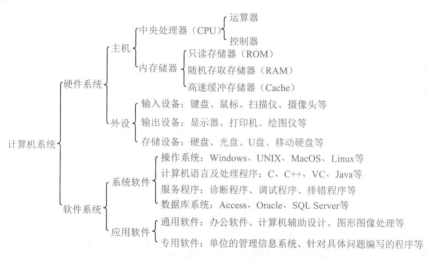

图 1-1 计算机系统的组成

1）计算机硬件系统

计算机硬件系统是指构成计算机的物理设备，由五大部分构成，如图 1-2 所示，是由数学家冯·诺依曼提出的。

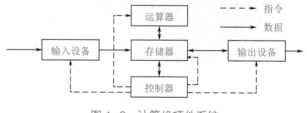

图 1-2 计算机硬件系统

① 运算器，是计算机的核心部件，主要负责对信息或数据的加工和处理。

② 控制器，是计算机的"指挥中心"，控制计算机各个部件自动协调地工作。

③ 存储器，主要用来存放程序和数据，是计算机中各种信息存储和交流的中心。将信息存入存储器称为"写"；从存储器中取出数据称为"读"。

④ 输入设备，用来向计算机内存储器输入数据和程序。常用的输入设备有键盘、鼠标、扫描仪、手写笔等。

⑤ 输出设备，用来将存放在内存储器中由计算机处理的结果转变为人们所能接受的形式。常见的输出设备有显示器、打印机、绘图仪、音响等。

2）计算机的工作原理

按照冯·诺依曼提出的"存储程序和程序控制"的原理，人们预先编写程序，利用输入设备把程序送入内存储器，在控制器控制下，从内存储器中逐条取出程序送给运算器执行，然后再把执行结果送回内存储器，最后由输出设备输出。

1.1.3 微型计算机硬件组成

现在流行的微型计算机是由主板、中央处理器、内存储器、外存储器、输入设备、输出设备组成的。

1）主板

主板是微型计算机中最大的一块电路板，由控制芯片组、微处理器、内存插槽等组成，是各种设备的连接载体。主板档次的高低决定了 CPU、内存储器、显卡、接口等各设备性能是否能够充分发挥作用。小明选择了一款技嘉 GA-B85-HD3-A 主板，如图 1-3 所示。

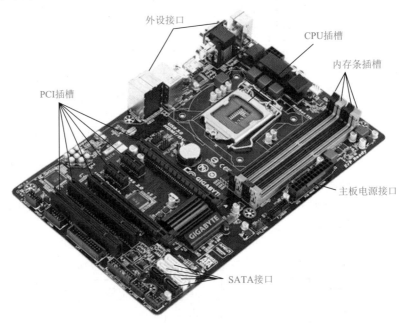

图 1-3　主板

① 芯片组，是由集成电路厂家生产的逻辑控制芯片，它把以前复杂的电路和元件最大限度地集成在几个芯片内。从结构上分，芯片组又分为南桥芯片和北桥芯片。北桥芯片负责与 CPU 的联系并控制内存储器、AGP、PCI 数据在北桥内传输。南桥芯片主要负责 I/O接口以及 IDE 设备的控制等。

② CMOS 芯片，是一块方形的存储器，里面存储有与该主板搭配的基本输入/输出系

统（BIOS），通过该系统能够让主板识别各种硬件，还可以设置引导系统的设备，调整 CPU 外频等。

③ 内存条插槽，主要用于安装内存条。

④ PCI 插槽，其接口类型有 PCI、PCI E X1、PCI E X16。PCI 以及 PCI-E X1 插槽，主要用于安装对总线带宽要求不高的扩展设备，如蓝牙、WiFi 等设备。PCI-E X16 可以满足带宽要求较高的设备，如显卡。

⑤ SATA 接口，主要用于连接硬盘。

⑥ 外设接口，主要用于连接键盘、鼠标、打印机、U 盘等设备的接口。

2）中央处理器

中央处理器（Central Processing Unit，CPU）是整个计算机系统的核心，负责整个计算机系统指令的执行、数学与逻辑运算、数据存储、传送以及输入输出的控制。

当前 CPU 生产厂家主要有 Intel 公司和 AMD 公司。目前，市场上能见到的主要有 Intel 公司的赛扬、奔腾、酷睿和至强系列，其中赛扬和奔腾系列面向底端市场，酷睿系列面向中高端客户，至强系列性能强劲，数据处理能力强，多用于企业服务器和工作站；AMD 公司系列的 CPU 主要有 Sempron（闪龙）、Athlon（速龙）和 Phenom（羿龙）3 个系列，其中闪龙主要面向底端市场，速龙面向中底端市场，而羿龙面向中高端用户。小明选择 Intel 公司的酷睿 i5 4590，如图 1-4 所示。

衡量 CPU 性能的指标很多，下面是一些主要评价指标。

图 1-4　CPU

① 主频，CPU 的时钟频率，是衡量 CPU 性能的一个重要参数，其标准单位是 MHz（兆赫兹），但目前市场上的 CPU 主频都达到了 GHz（千兆赫兹）级别。通常，主频越高，CPU 处理数据的速度越快。

② 外频，即与 CPU 相连的主板的时钟频率，也称前端总线（Front Side Bus，FSB），前端总线速度快则可提高系统的数据传输速度。

③ 高速缓冲存储器（Cache），是 CPU 处理数据时，待处理数据的临时存放位置，是为了缓解 CPU 的运算速度与内存数据传输速度不匹配而设立的一个中间存储位置。高速缓冲存储器可以大大提高 CPU 的运行效率，其容量的大小已经成为 CPU 的重要指标。

④ 字长，是 CPU 一次处理信息的位数，分为 32 位和 64 位两种。

小明选择的这款 Intel 酷睿 i5 4590，"Intel"代表品牌，"酷睿"代表产品系列，"i5 4590"代表 CPU 的型号。i5 4590 内置四核心，四线程，处理器默认主频高达 3.3GHz，最高睿频可达 3.7GHz，二级缓存为 1MB，三级高速缓存容量更是高达 6MB，采用了最新的 LGA 1150 处理器插槽，强大的四核四线程处理能力，备受游戏玩家好评。

3）内存储器

内存储器（简称内存）是主机的一部分，用于存放系统当前正在执行的数据和程序，属于临时存储器。按照功能可将内存储器分为随机存取存储器（Random Access Memory，RAM）、只读存储器（Read Only Memory，ROM）和高速缓冲存储器（Cache）三类。

① 随机存取存储器，在计算机工作时，既可以从中读取数据，也可以写入数据，但一旦断电，随机存取存储器中的信息将会完全丢失。

根据元器件结构不同，随机存取存储器又分为静态随机存储器（Static RAM，SRAM）和动态随机存储器（Dynamic RAM，DRAM）两种。

SRAM 速度快，价格高，常用作高速缓冲存储器。

图 1-5　内存储器

DRAM 速度慢，价格低，在 PC 中常用来作主存，也就是内存条。目前市场上主流的 DRAM 规格类型为 DDR3 规格。

小明选择的内存是金士顿 8GB DDR3 1600 MHz，如图 1-5 所示。"金士顿"代表品牌；"8GB"代表内存储器的容量；"DDR3"代表内存储器采用的是 DDR 第三代内存技术标准；"1600MHz"代表内存主频。

② 只读存储器，是厂家在制造时用专门的设备一次性写入的，用户只能读出其中的数据而不能向其中写入数据。主要用来存放固定不变的控制计算机的重要系统程序和数据，其中的内容是永久性的，即使关机或断电也不会丢失。

③ 高速缓冲存储器，是介于 CPU 与内存储器之间的高速存储芯片，一般与 CPU 封装在一起。因为 CPU 的速度很快，主要用于弥补 CPU 和主存速度不匹配的情况。在 CPU 读写数据时，首先访问高速缓冲存储器，如果高速缓冲存储器含有所需的数据，就不用访问内存储器，如果高速缓冲存储器中不含所需的数据，才去访问内存储器。对于 CPU 来说，有没有高速缓冲存储器及高速缓冲存储器容量的大小对 CPU 的性能、价格影响很大。

4）外存储器

内存储器中的数据在断电后会立即消失，而计算机在使用过程中却可以长时间保存很多数据，这些数据都是保存在计算机的外部存储器中的，这些外部存储器又包括硬盘、光盘、U 盘、移动硬盘等。

（1）硬盘。

硬盘（Hard Disk）是计算机中的主要外部存储器，存储容量大，存储速度快，日常使用的绝大部分资料和文件都放在硬盘中。

硬盘的性能指标主要有如下几项。

① 容量，容量越大，存放的数据和文件越多。

② 转速，转速越高，性能越好，目前市场上常见的硬盘转速有 7200 转/分、5400 转/分。

③ 接口，目前市场上最常见的接口类型为 SATA2.0 和 SATA3.0。

小明选用的硬盘是希捷 1TB 、 SATA3.0、7200 转、单碟容量 1000GB，如图 1-6 所示。其中，"希捷"

图 1-6　硬盘

代表硬盘的品牌;"1TB"代表总存储容量;"SATA3.0"代表接口标准,采用 SATA3.0 接口标准的硬盘可以达到最大 6GB/秒的数据传输率;"7200 转"代表硬盘每分钟的转速。

✎说明

在计算机内部,信息都是采用二进制形式进行存储、运算、处理和传输的。信息存储的单位有位 bit、字节 B、千字节 KB、兆字节 MB、十亿字节 GB 和万亿字节 TB。

① 位 bit,是信息的最小单位。每一位是二进制中的一个数位,代表 0 和 1 两个状态。

② 字节 B,在存储器内部,为存储方便,被划分为若干个基本单元,每个基本单元的存储量为 1 字节,即可以存储 8 位二进制信息。

③ 位 bit、字节 B、千字节 KB、兆字节 MB、十亿字节 GB 和万亿字节 TB 的相互换算关系如下:

$$1KB=1024B$$
$$1MB=1024KB$$
$$1GB=1024MB$$
$$1TB=1024GB$$

(2)光盘和光驱。

光盘采用激光技术存储信息,常用来备份数据使用,根据其制造的材料和记录信息方式的不同一般分为三类:只读光盘(CD-ROM、DVD-ROM)、一次性写入光盘(CD-R、DVD-R)和可擦写光盘(CD-RW、DVD-RW、DVD-RAM)。它的特点是容量大(CD 的标准容量为 650MB,而 DVD 则达到了 4.7GB),读取速度越来越快。

光盘需要借助光驱才能向其中写入数据,也需要光驱才能读取数据,如图 1-7 所示。

图 1-7　光盘和光驱

由于存储媒介的发展,U 盘具有体积小、便于携带、能重复读写等优点,逐渐替代了光盘。因此,光驱不再是装机的必备硬件。

(3)U 盘。

U 盘是移动式,快速存储盘,也称闪存盘,容量从十几 GB 到几百 GB 不等,通过计算机的 USB 接口可以随意读写数据。U 盘具有性能稳定、价格便宜、体积小、携带方便等优点,如图 1-8 所示。

(4)移动硬盘。

移动硬盘是在原硬盘的基础上,用硬盘盒和 USB 接口技术,进一步改装而成的,这类存储器体积小，携带方便，存储速度快，如图1-9所示。

图1-8　U盘　　　　　　　　　　　　　图1-9　移动硬盘

5）输入设备

输入设备用于将数据、命令和程序输入到计算机的内存储器。目前常用的输入设备除键盘、鼠标外，还有手写板、扫描仪和摄像机等，如图1-10所示。

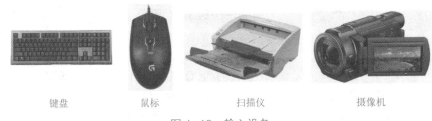

键盘　　　　　　鼠标　　　　　　扫描仪　　　　　　摄像机

图1-10　输入设备

① 键盘，最常用最基本的一种输入设备。用户的各种指令、程序和数据的输入主要是通过它来实现的。键盘上的每一个键都有其唯一的代码，当用户按下某键时，键盘驱动电路发出一串代码，由其控制电路接收并向CPU发出通知，请求CPU读入内存储器。

② 鼠标，常用的输入设备，大量用于图形窗口界面的操作，连接在微机的串行通信口上。在特定情况下，比键盘更有效、方便。鼠标分为电容式、光电式、机械式。

③ 扫描仪，通过捕获图像并将之转换成计算机可以显示、编辑、存储和输出的数字化输入设备。照片、文本页面、图纸、照相底片等三维对象都可以作为扫描对象，并将其原始的线条、图形、文字、照片、平面实物转换成可以编辑的电子文件等。

④ 摄像机，把光学图像信号转变为电信号，以便于存储或者传输。当拍摄一个物体时，此物体上反射的光被摄像机镜头收集，使其聚焦在摄像器件的受光面上，再通过摄像器件把光转变为电能，即得到了"视频信号"。光电信号很微弱，需通过预放电路进行放大，再经过各种电路进行处理和调整，最后得到的标准信号可以送到录像机等记录媒介上记录下来，或通过传播系统传播或送到监视器上显示出来。

6）输出设备

输出设备是将计算机处理后的结果，转换成人们能够识别的数字、字符、声音、图像、图形等显示、打印或播放出来。常见的输出设备有显示器、打印机、音响、耳机等。

（1）显示器。

显示器又称监视器，是微型计算机最基本最重要的输出设备之一。常见的显示器有阴极射线管显示器（Cathode Ray Tube，CRT）、液晶显示器（Liquid Crystal Display，LCD）等。现在 PC 中常用的是 LCD，如图 1-11 所示。

衡量显示器性能最重要的技术指标有分辨率、点距等。

分辨率是指显示器能表示的像素数目，是显示器列像素点与行像素点的乘积。分辨率越高，显示的图像与文字就越清晰。

点距就是屏幕上两个像素点间的距离。点距越小，显示的图像越细腻。一般有 0.28mm 和 0.25mm 等规格。

（2）显示卡。

显示卡又称显示适配器，简称显卡，如图 1-12 所示。显示器的显示效果还与显卡有关，主机通过显卡连接显示器。

图 1-11　LCD

图 1-12　显卡

早期的显卡只起到信号转换的作用，目前使用的显卡一般都带有 3D 画面运算和图形加速功能，所以显卡也称"图形加速卡"或"3D 加速卡"。现在显示芯片的复杂程度已经与 CPU 相当，对制作工艺的要求也越来越高。显示芯片厂商主要有 NVIDIA 和 ATI（现已被 AMD 收购）两家，基于其生产的显示芯片制作的显卡被简称为 N 卡和 A 卡。

小明选择的"七彩虹 iGame750 烈焰战 U-Twin-1GD5"显卡采用 NVIDIA 公司最新的 MAXWELL 核心架构，内建 512 个 CUDAs 单元，支持 PCI Express 3.0 16X 数据接口，核心频率为 1020MHz，GPU 动态加速 Boost 速度可达 1098MHz，高达 10%的性能提升为游戏玩家带来更流畅的游戏体验。搭配 1GB 128bit 位宽的 5000MHz GDDR5 显存，让显卡在高清环境下的抗锯齿和贴图性能大大增强，而 28nm 的制程将保证显卡的每瓦特性能比，将节能进行到底。

（3）打印机。

打印机的作用是把计算机中的信息打印在纸上，目前常用的打印机有针式打印机、喷墨打印机和激光打印机。

① 针式打印机，技术成熟，对纸张要求低，耗材价格低，但打印速度慢、有噪声，打印质量是所有打印机中最差的。

② 喷墨打印机，噪声较低，价格便宜，可实现彩色打印，其打印的质量和速度介于针式打印机和激光打印机之间，但对纸张要求高，耗材（墨汁）价格也高。

③ 激光打印机，采用激光原理进行打印，速度最快，分辨率最高，打印质量最好，无

噪声，但价格较高、耗材（碳粉）价格也较高，对纸张要求也高。

1.1.4　配置计算机

计算机的基本知识已经了解，但在配置之前还是要结合自己的需求和经济预算来确定购买哪一款计算机。

1）明确购买计算机的目的

在购买计算机之前，首先明确自己的需求定位，即购买计算机的主要用途是什么。下面是计算机的几种可能用途。

（1）专业图形设计型。

① 图形设计硬件平台的选择重点是显卡，最好选择专业图形卡，如蓝宝石、XFX 讯景等。

② 内存条容量应不低于 4GB。

③ SATA 的硬盘。

④ 大尺寸的液晶显示器。

⑤ Intel 酷睿双核、四核或 AMD 速龙、羿龙均可满足图形设计要求。

（2）游戏玩家型。

这类需求对计算机的配置要求一般都比较高，特别是 3D 游戏爱好者。这时在制定计算机的配置方案时一定要注意内存容量是否够大、显卡的动画处理能力是否强大等。

① 酷睿 i5、i7 性价比高，可满足设计要求。

② 主板要选择与 CPU 搭配较好且性能较强的，如支持双通道内存、超频性能较好等。

③ 可选用缓存为 64MB 的大容量硬盘、大尺寸液晶显示器。

④ 内存条应选择容量不低于 4GB 的 DDR 内存。

⑤ 显卡应选择档次较高的产品。

⑥ 鼠标应选用定位准确、反应速度快的光电鼠标。

（3）商务办公型。

① CPU 可选用稳定性较好的，质保时间长的产品，如 Intel 酷睿系列。

② 主板可考虑集成显卡的产品。

③ 硬盘可选用质量稳定、质保期长的产品。

④ 显示器选用 LCD。

（4）校园学生型。

① CPU 可考虑面向中低端的产品。

② 显卡可选择集成产品。

③ 显示器可选用质量好且环保的 LCD。

（5）家庭多媒体型。

① CPU 可考虑质保期时间长，面向中低端产品。

② 主板选择稳定性较好的产品。

③ 显卡可选择性价比高的中低档产品。

④ 可以考虑配一个光驱。

⑤ 显示器可选用质量好且环保的尺寸大的 LCD。

2）了解计算机的性能指标

一台微机功能的强弱或性能的好坏，不是由某个硬件的某个指标决定的，而是由它的硬件组成、软件配置来决定的，但对于大部分普通用户来说，可以从下面几个硬件的技术指标入手。

① CPU，主要取决于主频和二级缓存。在其他参数相同的情况下，主频越高、二级缓存越大，速度越快，现在的 CPU 有三级缓存、四级缓存等，都会影响计算机的相应速度。

② 内存，内存的存取速度取决于接口类型、颗粒数和储存大小。一般来说，内存越大，处理数据能力越强，速度就越快。

③ 主板，主要取决于 CPU 插槽的类型，内存插槽是否支持双通道，是否有扩展插槽，以及接口类型等。

④ 硬盘，主要取决于硬盘容量和转速，如台式机一般用 7200 转，笔记本电脑一般用 5400 转，这主要是考虑到功耗和散热原因。

⑤ 显卡，主要取决于显卡的型号以及其他一些参数。现在并不是所有人都需要独立显卡，一般的家庭娱乐和办公，集成显卡已经能够胜任。

⑥ 显示器，主要取决于显示器的接口类型、分辨率的大小、对比度等。

3）确定购买台式机还是笔记本电脑

① 从结构上看，笔记本电脑和台式机相比，结构更紧凑，集成度更高，但拆卸困难，清理灰尘的时候往往需要去专业维修店。

② 从体积和重量上看，笔记本电脑的体积要比台式机小，重量比台式机轻，便于移动。

③ 从性能上看，笔记本电脑由于结构紧凑，散热不易，和同配置的台式机相比，性能要低。

④ 从操作性上看，笔记本电脑的键盘较小，同时集成了鼠标功能，操作起来不如台式机的键盘和独立鼠标，所以很多购买了笔记本电脑的人往往都使用外接独立鼠标。

⑤ 从价格上看，同等配置的笔记本电脑要比台式机高。

⑥ 从扩展性上看，笔记本电脑的可扩展性不高，只有内存和硬盘可以进行有限的升级，而不像台式机那样可以更换内存、显卡、硬盘甚至是 CPU。

综上所述，笔记本电脑更适合经常出差的移动人群办公使用。

4）确定购买品牌机还是组装机

（1）品牌机。

品牌机是由正规的计算机厂商生产、带有全系列服务的计算机整机。其优缺点如下。

优点：硬件兼容性好，有一定的检测机制，价格相对透明，售后服务良好。

缺点：硬件配置固定，灵活性差，相对组装机价格偏高。

（2）组装机。

组装机主要是由消费者采购计算机配件后自己动手进行组装的机器。其优缺点如下。

优点：可以自主对硬件进行配置，灵活性强、配置高，可以突出自己的个性，如用户自己组装计算机，可提高动手能力和沟通能力，有成就感。

缺点：要对硬件熟悉；硬件兼容性难以保障，售后服务不能保障。

小明根据自己的需求为自己配置了一台组装机，其配置如表 1-1 所示。

任务 2 安装软件

任务描述

Windows 7 操作系统是目前大部分微机使用的系统。本任务主要完成 Windows 7 操作系统的安装以及其他应用软件的安装与卸载，以满足平时工作的需要。

任务分析

首先了解计算机软件系统的组成，然后安装 Windows 7 操作系统，最后在操作系统上再安装其他应用软件。

相关知识

1. 硬盘分区

硬盘分区是指对硬盘的物理存储空间进行逻辑划分，将一个较大容量的硬盘分成多个大小不同的逻辑区间。硬盘分区的数量和每个分区的容量大小是由用户根据需要自行划分的。

2. 格式化

格式化就是将存储设备进行重新规划以便更好地存储文件，格式化会造成数据的全部丢失。

任务实施

计算机软件系统包括系统软件和应用软件。

1.2.1 系统软件

系统软件是用来管理、监控、维护计算机软、硬件资源的软件。系统软件是位于计算机系统中最靠近硬件的一层，包括操作系统、语言处理程序、数据库管理系统等。

1）操作系统（Operating System，OS）

操作系统是管理计算机全部硬件资源、软件资源、数据资源、控制程序运行并为用户提供操作界面的系统软件的集合，同时也是计算机系统的内核与基础。

在所有软件中，操作系统是最基本、最重要的，是对"裸机"在功能上的一次开发和补充。其他软件都是通过操作系统对硬件功能进行扩充的。

目前，应用最广泛的操作系统主要有 Windows 系列、Mac OS、UNIX 和 Linux 等，这些操作系统所适用的用户人群也不尽相同，用户可以根据自己的实际需要选择安装不同的操作系统。

2）计算机语言及处理程序

计算机语言是一组用来定义计算机程序的语法规则，是人机交互的重要工具。一般可分为机器语言、汇编语言和高级语言 3 种。

（1）机器语言。

机器语言以计算机能直接识别和执行的二进制码作为基本符号组成的机器指令。机器指令包括二进制的操作码和操作数两部分。

（2）汇编语言。

汇编语言采用一些英文符号和数字来代替机器语言中的指令和数据，使机器语言得以"符号化"，使汇编语言编写的程序相对机器语言更容易懂、容易记、容易修改。

（3）高级语言。

高级语言以比较接近自然语言的文字和表达式等一系列符号来表示，有很强的通用性，解决了机器语言和汇编语言难以学习和编写的问题，又可以在不同的计算机系统上运行，所以成为现在编写程序的潮流之选。常用的高级语言有 C/C++、Java 等。

3）服务程序

服务程序是专门为系统维护及使用进行服务的一些专用程序。常用的服务程序有诊断程序、纠错程序、编辑程序、文件压缩程序（WinRAR、WinZip）、防病毒程序（如金山毒霸、卡巴斯基等）、系统设置程序（如 Windows 优化大师、超级兔子）等。

4）数据库管理系统

数据库管理系统（DataBase Management System），用来建立数据库，并进行操作、管理和维护。目前比较流行的数据库管理系统有 Oracle、SQL Server、DB2、MySQL 等。

1.2.2 应用软件

应用软件是为某一专门的应用目的而开发的计算机软件。

目前，常见的应用程序有各种用于科学计算的程序包、各种文字处理软件、信息管理软件、计算机辅助设计软件、计算机辅助教学软件、实时控制软件和各种图形图像设计软件等。主要包括如下类别。

① 办公处理软件，如 Microsoft Office、WPS Office 等。

② 图形图像处理软件，如 Photoshop、Corel DRAW 等。

③ 各种财务管理软件、税务管理软件、辅助教育等专业软件。

目前应用最广泛的应用软件是文字处理软件，它能实现对文本的编辑、排版和打印，如 Microsoft 公司的 Office Word 软件。

1.2.3 安装操作系统

根据需要，安装的是 Windows 7 操作系统。

（1）准备安装。

① 打开计算机，将安装光盘放置在光驱中，几秒后，出现如图 1-13 所示的界面，在"要安装的语言"下拉列表中选择"中文（简体）"选项，在"时间和货币格式"下拉列表中选择"中文（简体，中国）"选项，在"键盘和输入方法"下拉列表中选择"中文（简体）-美式键盘"选项。

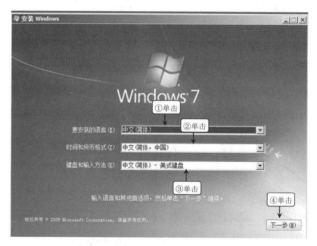

图 1-13　Windows 7 安装起始界面 1

② 单击"下一步"按钮，进入如图 1-14 所示的界面，单击"现在安装"按钮启动安装。

（2）开始安装。

① 进入"请阅读许可条款"界面，选中"我接受许可条款"复选框，然后单击"下一步"按钮，如图 1-15 所示。

图 1-14　Windows 7 安装起始界面 2

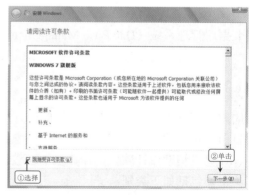

图 1-15　"请阅读许可条款"界面

② 在选择安装类型界面中，如果是系统崩溃重装系统，选择"自定义"选项，如果想从 XP、Vista 升级为 Windows 7，选择"升级"选项，这里选择"自定义"安装。

③ 进入选择安装盘界面，如果磁盘没有分区，选择"驱动选项（高级）"选项，如图 1-16 所示。

④ 进入分区界面，选择"新建"选项，显示"大小"微调框，输入新建分区的大小，如图 1-17 所示。单击"应用"按钮创建分区，根据需要可以继续新建分区或者选择要安装系统的分区，然后单击"下一步"按钮，如图 1-18 所示。

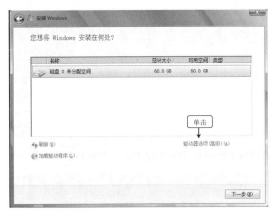

图 1-16　Windows 7 分区界面

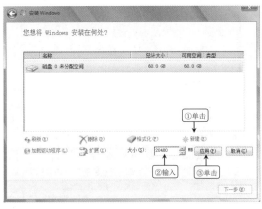

图 1-17　新建分区

⑤ 系统自动开始安装 Windows 7 操作系统，如图 1-19 所示。在完成"安装更新"后，系统需要自动重启，如图 1-20 所示。

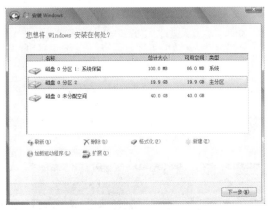

图 1-18　Windows 7 选择安装分区

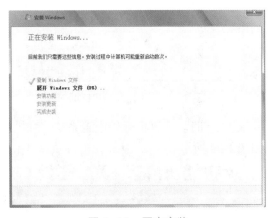

图 1-19　正在安装

⑥ 等全部完成安装后，系统将再次重新启动。

（3）安装后的设置。

安装后的设置主要包括用户名、密码及时间和日期等设置。

① 重启后系统进入设置界面，在"键入用户名"文本框中输入用户名，在"键入计算机名称"文本框中输入计算机名称，或使用默认计算机名称，如图 1-21 所示。

② 单击"下一步"按钮，进入账户设置界面，设置账号密码。如果觉得麻烦，也可以不设置密码，直接单击"下一步"按钮，进入输入 Windows 产品密钥界面，输入产品密钥，

单击"下一步"按钮。在选择更新安装界面，用户可根据需要进行相应的选择，这里选择"使用推荐设置"选项，单击"下一步"按钮。

图 1-20　重启界面

图 1-21　设置用户名和密码

③ 进入时间和日期设置界面，设置时区、日期和时间，如图 1-22 所示。单击"下一步"按钮，进入网络设置界面，用户可以根据计算机的位置选择相应的网络，如图 1-23 所示。

图 1-22　设置时间和日期

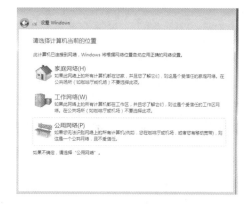

图 1-23　选择计算机网络

④ 此时，计算机开始配置系统，并重新启动，最后显示 Windows 7 界面，完成安装，如图 1-24 所示。

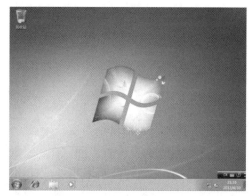

图 1-24　WIndows 7 启动界面及 WIndows 7 桌面

1.2.4 安装应用软件

尽管 Windows 7 操作系统功能强大，但其自带的一些应用程序却远远满足不了实际应用的需要。因此，在使用计算机时还需要安装符合具体需要的各种应用程序，对于不需要的应用程序，也可以将其及时删除。

（1）自动安装。

将含有自启动安装程序的光盘放入光驱中，安装程序会自动运行。只需要按照屏幕提示进行操作，即可完成安装。这类程序安装完毕后，通常在"开始"菜单中自动添加相应的程序快捷方式。

（2）手工安装。

在 Windows 7 中，应用程序一般都包含自己的安装程序（如 Setup.exe，应用程序名.exe、*.msi、Install.exe 等），因此只要执行该程序就可以把相应的应用系统安装到计算机上。同时，程序安装后，系统还往往生成一个卸载本系统的卸载程序命令（如 UnInstall.exe），该命令在相应的程序组菜单中，执行该命令将把程序从计算机中卸载，包括系统文件、关联库、临时文件及文件夹、注册信息等。

1.2.5 卸载应用程序

（1）使用软件自带的卸载程序。

有的程序在安装成功后自动生成一个卸载本系统的卸载程序命令（如 UnInstall.exe），执行该命令，即可从计算机中卸载该程序。

（2）利用"添加或删除程序"。

具体操作步骤如下。

① 在"控制面板"窗口中，单击"程序和功能"超链接，打开"程序和功能"窗口。

② 在"卸载或更改程序"列表中选择需要删除的应用程序，此时该程序的名称及其相关信息将以高亮显示。

③ 单击"卸载"按钮，Windows 将开始自动卸载操作，如图 1-25 所示。

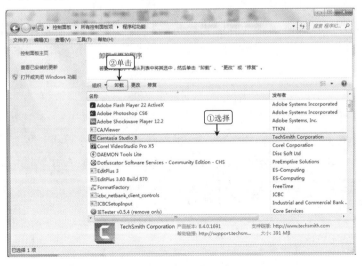

图 1-25　卸载程序

 任务 3　查杀病毒

任务描述

了解病毒的概念，观察中毒现象，预防和查杀计算机病毒，以保证信息的安全。

任务分析

首先了解计算机病毒的概念和特征；分析病毒的传播途径和中毒症状；加强病毒的预防和不定期病毒查杀操作。

相关知识

1. 防火墙

防火墙的概念最早来自建筑行业，是由防火材料组成的，用于防止火灾从建筑的一部分或其他建筑蔓延过来的设施。此处描述的防火墙是一种网络安全设备，用于将内部网络和公共网分开的方法，实际上是一种隔离技术。它能允许用户"同意"的计算机和数据进入内部网络，同时将用户"不同意"的计算机和数据拒之门外，最大限度地阻止网络中的黑客访问内部网络。

2. 黑客

黑客，原指那些热心于计算机技术，水平高超的计算机专家，尤其是程序设计人员。但现在黑客已变成了网络犯罪的代名词，泛指那些专门利用计算机技术、网络技术非法入侵、干扰、破坏他人计算机系统，或擅自操作、使用、窃取他人计算机信息资源，对网络信息安全具有威胁和危害的人。

任务实施

1.3.1　计算机病毒

计算机病毒是指编制者在计算机程序中插入的破坏计算机功能或者破坏数据，影响计算机使用并且能够自我复制的一组计算机指令或者程序代码。由于计算机病毒是人为设计的程序，这些程序隐藏在计算机系统中，通过自我复制来传播，满足一定条件即被激活，从而给计算机系统造成损害。由于这种程序的活动方式类似生物学中的病毒，所以被称为计算机病毒，其特征如下。

（1）寄生性。

计算机病毒往往被嵌入到其他程序之中，这些程序称为宿主程序，并依赖宿主程序的执行而生存。计算机病毒在计算机系统中不是以文件形式独立存在的，而是常常以寄生的方式寄生于磁盘的引导扇区或主引导扇区中，或采用附加插入的方式隐藏在可执行文件或数据文件中。当其"潜伏"的程序或文件被调用时，病毒程序就被激活，从而可以进行自我复制。

（2）传染性。

传染性是病毒的基本特征。计算机病毒不但本身具有破坏性，更有害的是能够主动将自身的复制品或变体强行传染到一切复合其传染条件的其他文件中去。一旦病毒被复制或产生变种，其速度之快令人难以预防。

（3）潜伏性。

计算机病毒在感染系统后并不马上发作，而是等到条件满足时才实施破坏。病毒的潜伏性越好，它在系统中存在的时间越长，病毒传染的范围就越大。病毒在未发作之前，一般用户往往觉察不出病毒的存在，如黑色星期五病毒。潜伏性使病毒程序可以保证它自己的安全，以便有更多的时间进行自我复制，实施感染与传播。

（4）隐蔽性。

计算机病毒程序往往是短小精悍的程序。通常病毒程序附在正常程序中或磁盘较隐藏的地方，目的是不让用户发现它的存在。如果不经代码分析，很难与正常程序区分开来。通常计算机系统受到病毒程序感染后仍能正常运行，用户感觉不到系统有何异常。正是由于病毒的这种隐藏性，计算机病毒才得以在用户没有觉察的情况下迅速扩散。

（5）触发性。

计算机病毒的触发性是指其因某个事件或数值的出现而实施感染或进行破坏的特性。病毒程序为了隐藏自己，必须少做动作。但如果一直潜伏，就不能传染或进行破坏，病毒既要隐藏自己又要维持杀伤力，就必须具有触发性。病毒程序都具有预定的触发条件，病毒程序运行时，其触发机制检查预定的触发条件是否满足，如果满足，就启动感染机制或破坏动作进行感染或攻击；如果条件不满足，就什么都不做，继续潜伏等待"时机"。

1.3.2　病毒的传播途径和主要症状

病毒的传播途径主要有通过 U 盘、移动硬盘、文件下载等途径在不同机器之间相互传递。计算机受到病毒感染后，有可能会出现以下症状。

① 机器不能正常启动，加电后机器根本不能启动，或者可以启动，但所需要的时间比原来的启动时间长，有时会突然出现黑屏现象。

② 运行速度降低，如果发现在运行某个程序时，读取数据的时间比原来长，存取文件时间增加了，那就可能是病毒造成的。

③ 磁盘空间迅速变小，由于病毒能够自我复制，因此使存储空间变小甚至变为"0"。

④ 文件内容和长度有所改变，一个文件存入磁盘后，本来它的长度和内容都不会改变，可是由于病毒的干扰，文件长度可能改变，文件内容也可能出现乱码。有时文件内容无法显示或显示后又消失了。

⑤ 经常出现死机现象，正常的操作是不会造成死机现象的，即使是初学者，命令输入不对也不会死机。如果机器经常死机，那可能是由于系统被病毒感染了。

1.3.3 病毒的预防、检测和查杀

预防病毒一方面要求提高系统的安全性，另一方面需要人们加强安全意识。因此，人们在预防病毒时需要注意以下问题。

① 不使用来历不明的程序或数据。

② 不轻易打开来历不明的电子邮件。

③ 实时防护，安装的杀毒软件有实时防护功能，或安装防火墙、采取过滤措施。

④ 使用新的计算机系统或软件时，要先杀毒后使用。

⑤ 经常使用杀毒软件定期扫描检测。

⑥ 及时更新杀毒软件。

⑦ 对重要数据或文件做好备份。

任务 4　任务体验

1．任务

为自己配置一台计算机，要求：能够满足学习要求；要有一定的娱乐功能；性价比高。配置好后为自己的计算机安装操作系统、应用软件、杀毒软件等。

2．目标

① 掌握计算机系统组成。

② 掌握计算机软、硬件知识。

③ 了解计算机 CPU、内存储器等部件的作用和性能技术指标。

④ 了解操作系统的安装方法。

⑤ 了解应用软件的安装方法。

⑥ 了解病毒的概念，预防、检测和查杀病毒的方法。

3．思路

① 先到中关村在线（http://www.zol.com.cn/）或太平洋电脑网（http://www.pconline.com.cn/）了解计算机配置、参数、价格等方面的资讯。

② 按照自己的需求，使用网站提供的在线攒机功能，选择不同档次、型号、生产厂家的计算机配件。

③ 列出计算机配置单，并说明理由。

④ 为新购买的计算机安装操作系统、杀毒软件和其他应用软件等。

第2章　Windows 7 操作系统

任务1　认识 Windows 7 操作系统

任务描述

本任务主要是认识 Windows 7 操作系统，以及操作系统的一些基本操作和基本设置，以满足用户对 Windows 7 的一些基本需要。

微课

观看本任务微课视频
扫一扫二维码

任务分析

操作系统的基本个性化设置包括桌面、"开始"菜单、任务栏等的一些设置。操作系统的基本操作包括开机、关机、输入法切换等操作。

相关知识

Windows 7 操作系统是一个多用户、多任务、窗口图形界面的操作系统。其特点是：优秀的图形界面、简单的操作方式、协调的多任务管理、丰富的应用程序、方便的数据传递、有效的系统管理工具和实用的汉字处理功能。

Windows 7 有 6 个版本：初级版、家庭基础版、家庭高级版、专业版、企业版和旗舰版。本书介绍的是旗舰版。

Windows 7 还有 32 位及 64 位两种版本，用户可以根据计算机中内存的实际情况选择安装。

任务实施

2.1.1 Windows 7 的启动和退出

● 启动 Windows 7 操作系统。

① 打开主机上的电源开关。

② Windows 7 操作系统自动启动，并进入欢迎界面，显示系统中预先建立的账户，选择其中一个账户，并输入相应的密码（有密码），如图 2-1 所示。

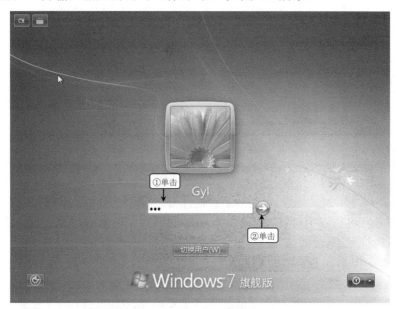

图 2-1 登录 Windows 7 操作系统

③ 单击"登录"箭头，稍后进入桌面状态，登录操作系统。

● 退出 Windows 7 操作系统。

用完 Windows 7 操作系统以后，切记关闭电源，以免未保存的数据丢失，或破坏当前正在运行的程序。

① 退出所有正在运行的应用程序，保存未保存的数据。

② 单击"开始"菜单，选择"关机"命令，关闭计算机。

2.1.2 认识键盘

常见的键盘有 101、104 键，为了便于记忆，按照功能不同，通常把这 101 个键划分成主键盘区、功能键区、控制键区和数字键区 4 个区域，如图 2-2 所示。

图 2-2　键盘布局

（1）主键盘区。

键盘中最常用的区域是主键盘区，如图 2-3 所示，主键盘区又分为字母键、数字键和功能键。

图 2-3　主键盘区

① 字母键：A~Z 共 26 个字母键。在字母键的键面上标有大写英文字母 A~Z，每个键可以输入大小写两种字母。

② 数字键：共有 21 个键，包括数字、运算符、标点符号和其他符号，每个键面上都有上下两种符号，也称双字符键，可以显示符号或数字。上面的一行称为上档符号，下面的一行称为下档符号。

③ 功能键：共有 14 个，如 Caps Lock、Alt、Shift、Ctrl、Windows 等键。其中 Alt、Shift、Ctrl、Windows 键各有两个，对称分布在 Space 键左右两边，功能完全一样，只为方便操作。

● Caps Lock：大小写字母锁定键，或大小写转换键。当处于大写字母状态时键盘右上角有一盏标有 Caps Lock 的灯亮起，再按一次 Caps Lock 键切换到小写字母状态，标有 Caps Lock 的灯不亮。

● Shift：上档键，也叫换挡键，用于键入双字符键中的上档符号。如果直接按下双字符键，屏幕上显示的是下面的字符。如果想显示上面的符号，可以按住 Shift 键的同时，按下所需的双字符键。例如，想输入一个"*"号，先按住 Shift 键，再按下"*"号键，屏幕上就显示"*"号。

Shift 键的第二个功能是对英文字母起作用，当键盘处于小写字母状态，按住 Shift 键再按字母键，可以输出大写字母。反之，当键盘处于大写字母状态时，按住 Shift 键再按字母键，可以输出小写字母。

- Ctrl：控制键，该键不能单独使用，需要和其他键组合使用，能完成一些特定的控制功能。操作时先按住 Ctrl 键，再按下其他键，在不同的系统和软件中完成的功能各不相同。
- Alt：转换键，和 Ctrl 键一样，也不能单独使用，需要和其他的键组合使用，可以完成一些特殊的功能，在不同的工作环境中，转换键转换的状态也不同。
- Enter：回车键，用于一个自然段输入的结束或对输入数据、命令的确认。
- Space：用于在字符输入时插入一个空格。
- Backspace：退格键，用于删除光标左侧的字符并使光标左移一格。
- Tab：制表键，用于快速定位。

（2）功能键区。

功能键区位于键盘的上方，包括 Esc 和 F1～F12 键，如图 2-4 所示，这些按键用于完成一些特定的功能。

图 2-4 功能键区

① Esc：取消键，位于键盘的左上角。在许多软件中被定义为退出键，一般用作脱离当前操作或退出当前运行的软件。

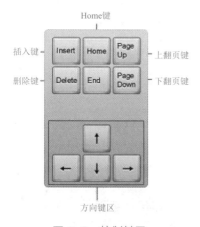

图 2-5 控制键区

② F1～F2：功能键，一般软件都是利用这些键来充当软件中的功能热键的，如 F1 是打开帮助。

（3）控制键区。

控制键区共有 10 个键，位于主键盘区的右侧，如图 2-5 所示，其中很多键位的功能已经被鼠标代替，目前用户使用此区的概率不大。

① Insert：插入/改写转换键，可以使输入编辑状态在插入和改写之间切换。

② Home：可以使鼠标光标快速移到本行的开始。

③ Page Up：可以将上一页的内容显示到屏幕上。

④ Page Down：可以将下一页的内容显示到屏幕上。

⑤ Delete：删除键，用于删除光标右侧的一个字符。

⑥ End：可以使光标快速移到本行的尾端。

（4）数字键区。

数字键区位于键盘的右侧，又称小键盘区，如图 2-6 所示，主要用于大量数字输入情况。当按 Num Lock 键并使其指示灯亮，进入数字输入状态，当再按 Num Lock 键使其指示灯灭时，输入的是下档的控制键。

● 使用"金山打字通"软件，帮助识记键盘上各个键的位置。

步骤略。

图 2-6　数字键区

2.1.3　使用键盘

在 Windows 7 操作系统中的各种操作都可以通过键盘来完成，特别是在文字录入时，键盘是主要的输入设备，特别是一些快捷键的应用，可以大大提高人们的操作效率。常用的快捷键如表 2-1 所示，其中 ⊞ 代表 Windows 键。

表 2-1　常用的快捷键

快捷键	功能、作用
Ctrl+Esc	打开"开始"菜单
Ctrl+Alt+Delete	打开 Windows 7 任务管理器
Ctrl+空格	在中英文输入法之间进行切换
Ctrl+Shift	在各种输入法之间循环切换
Alt+Tab 或 Alt+Esc	在打开的应用程序之间进行切换
Alt+F4	关闭当前应用程序
Alt+PrintScreen	复制当前活动窗口或对话框
PrintScreen	复制整个桌面
F1	获取帮助
⊞	打开"开始"菜单
⊞+Space	快速查看桌面
⊞+D	最小化所有窗口
⊞+Tab	3D 桌面展示效果
⊞+数字	按顺序打开固定在快速启动栏中的应用程序

● 练习并应用表 2-1 中的常用快捷键。

步骤略。

✎说明

软键盘是通过软件模拟键盘，通过鼠标单击输入字符的，其目的是防止"木马"程序记录键盘输入的字符，在一些金融网站的账号和密码输入框中容易看到。要打开软键盘，可以在输入法提示框中，单击"软键盘"按钮，打开软键盘，如图 2-7 所示。

图 2-7　软键盘

2.1.4 常用输入法切换

常用的输入法切换有两种方法：鼠标切换和键盘切换。

（1）鼠标切换。

用鼠标切换输入法，操作步骤比较简单。在状态栏中，单击"通知区域"中的"语言文字栏"图标 ，从弹出的菜单中选择需要的输入法即可。

（2）键盘切换。

使用键盘切换输入法较鼠标切换更为快捷。

① Ctrl+Shift：按顺序依次切换输入法。

② Ctrl+Space：中英文输入法间切换。

③ Shift+Space：切换全角/半角输入状态。

④ Ctrl+.：中/英文标点切换。

● 在记事本中书写日记，效果如图2-8所示，然后将该文本文件保存为"越长大越孤单.txt"。

图 2-8 日记效果图

2.1.5 设置桌面

桌面是指当用户启动并登录 Windows 7 操作系统后，所看到的一个主屏幕区域，是用户进行工作的一个平面，其结构组成如图2-9所示。

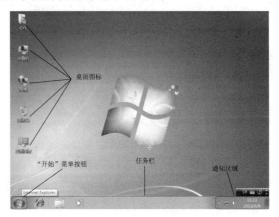

图 2-9 Windows 7 桌面

● 修改桌面图标，以"小图标"显示。

① 在桌面空白处右击。

② 从弹出的快捷菜单中选择"查看|小图标"命令即可。

主题决定了桌面的总体外观，一旦选择了一个主题，那么桌面、屏幕保护程序、外观等也会随之改变。

● 将桌面主题设置为"自然"。

① 在桌面空白处右击。

② 从弹出的快捷菜单中选择"个性化"命令。

③ 打开"个性化"窗口，选择"Aero 主题"选项组中的"自然"选项，此时桌面就应用了该主题，如图 2-10 所示。

● 更改桌面背景。

① 在图 2-10 窗口左侧面板中，单击"更改桌面图标"超链接。

② 打开"桌面背景"窗口，如图 2-11 所示。

图 2-10　更改主题

图 2-11　"桌面背景"窗口

③ 移动鼠标指针到要设置为桌面背景的图片上，并选中其左上角的复选框。

④ 单击"保存修改"按钮，即可将选择的图片设置为背景。

● 修改显示器分辨率。

① 单击图 2-10 窗口左侧的"显示"超链接，打开"显示"窗口，单击"显示"窗口左侧的"调整分辨率"超链接，打开"屏幕分辨率"窗口，如图 2-12 所示。

图 2-12　"屏幕分辨率"窗口

②　拖动"分辨率"下拉列表中的滑块，调整分辨率即可。

📝说明

屏幕分辨率越高，显示内容越细腻。

2.1.6　设置"开始"菜单

在"开始"菜单中，存放了操作系统或系统设置的绝大多数命令，还可以使用当前系统中安装的所有程序，因此"开始"菜单被称为操作系统的中央控制区域，如图 2-13 所示。

● 修改"开始"菜单 "常用程序列表"，使其程序的数目不超过 5。

①　在"开始"菜单上右击，从弹出的快捷菜单中选择"属性"命令，弹出"任务栏和「开始」菜单属性"对话框。

②　在"「开始」菜单"选项卡中，单击"自定义"按钮，弹出"自定义「开始」菜单"对话框，如图 2-14 所示。在"「开始」菜单大小"选项组"要显示的最近打开过的程序的数目"框中输入 5。

图 2-13　"开始"菜单

③　单击"确定"按钮，完成设置。

📝说明

跳转列表：Windows 7 中的新增功能，使用该功能能快速地跳转到近期访问过的内容，如文件、图片、歌曲、视频和网站。在 Windows 7 的"开始"菜单和任务栏中，有些程序列表中的程序链接带有黑色三角符号，这些程序都有跳转列表，如图 2-15 所示。

跳转列表可以提高打开常用文件的效率，但列表中的内容是动态显示的，当列表项达到预定数量时，将会用新对象取代老对象。若某个文件特别常用，可以将其在列表中锁定，不需要时解锁退出。

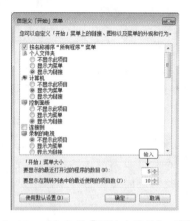

图2-14　"自定义「开始」菜单"对话框

图2-15　跳转列表

2.1.7　设置任务栏

任务栏位于桌面下方的一个条形区域，它显示了系统正在运行的程序、打开的窗口等内容，用户通过任务栏可以完成许多操作，如图2-16所示。

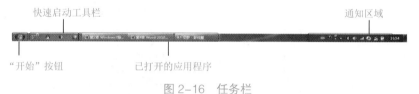

图2-16　任务栏

● 使用小图标显示任务栏上的图标。

① 在任务栏空白处右击，在弹出的快捷菜单中选择"属性"命令，弹出"任务栏和「开始」菜单属性"对话框。

② 在"任务栏"选项卡中选中"任务栏外观"选项组中的"使用小图标"复选框，如图2-17所示。

图2-17　自定义任务栏

任务 2　使用 Windows 7 资源管理

任务描述

使用资源管理器或"计算机"对计算机资源进行管理。

任务分析

　　计算机资源的管理一般是对计算机文件、文件夹进行分门别类的存放、备份等操作，以方便用户的访问和处理。具体操作包括文件、文件夹的创建、复制、移动、删除、重命名、快捷方式，以及 Windows 7 提供的使用库进行管理的功能。

相关知识

1．回收站

回收站是 Windows 7 操作系统用来存储被删除的文件或文件夹场所。在管理文件或文件夹过程中，系统将被删除的文件自动移到回收站中。

2．剪贴板

剪贴板是内存中的一块区域，是 Windows 内置的一个非常有用的工具。通过剪贴板可以在各种应用程序之间传递和共享信息。

3．文件和文件夹

（1）文件。

文件是在计算机中常用到的概念，是有名称的一组相关信息的集合，它们以文件名的形式存放在磁盘、光盘上。文件的含义非常广泛，文件可以是一个程序、一段音乐、一幅画、一份文档等，而一种游戏软件是由一个或多个文件组成的。

（2）文件夹。

文件夹不是文件，是存放文件的夹子，如同生活中的文件袋，可以将一个文件或多个文件分门别类地放在不同的文件夹中，目的是方便查找和管理。可以在任何一个磁盘中建立一个或多个文件夹，在一个文件夹下还可以再建多级文件夹，一级接一级，逐级深入，有条理地存放文件。

（3）文件与文件夹的命名。

任何一个文件都有文件名，在 Windows 7 中的任何文件都由文件名来识别。文件名的格式为"文件名.扩展名"，如文件名"叶子.jpg"，"叶子"表示文件的名称；"jpg"表示文件的扩展名。通常，文件类型是用文件的扩展名来区分的。

文件与文件夹的命名规则如下。

① 在文件名或文件夹名中，最多可以有 255 个字符，其中包含驱动器和完整路径信息。

② 每一个文件全名由文件名和扩展名组成，文件名和扩展名中间用符号"."分隔，其格式为"文件名.扩展名"，扩展名一般由系统自动给出。

③ 文件名不能用大小写区分，如 MYFILE.TXT 和 myfile.txt 被认为是同一文件。

④ 文件名可以有空格，但不能出现 \ | / : * ? " < > 9 个符号，这些符号在系统中另有用途，如果使用容易混淆。

（4）文件与文件夹的路径。

路径是指文件或文件夹在计算机中存储的位置，当打开某个文件夹时，在地址栏中即可看到该文件夹的路径。路径的结构一般包括磁盘名称、文件夹名称和文件名称，它们之间用"\"隔开，如"High 歌.mp3"文件的路径为"F:\歌曲 \High 歌.mp3"，表示存放在 F 盘、歌曲文件夹中的名字为 High.mp3 的文件。

4．快捷方式

快捷方式是 Windows 提供的一种快速启动程序、打开文件或文件夹的方法。它是应用程序、文件或文件夹的快速连接，快捷方式的一般扩展名为*.lnk。

5．库

库是一个特殊的文件夹，使用库可以将用户需要的文件和文件夹统统集中到一起，就如同网页收藏夹一样，只要单击库中的链接，就能快速打开添加到库中的文件夹，而不管它们深藏在本地计算机中或局域网中的任何位置。另外，它还会随着原始文件夹的变化而自动更新，并且可以以同名的形式存在于库中。

任务实施

2.2.1 打开资源管理器

打开资源管理器的方法有 3 种。

① 在任务栏上单击"资源管理器"文件夹图标。

② 单击"开始"菜单，选择"所有程序|附件|Windows 资源管理器"命令。

③ 右击"开始"菜单，从弹出的快捷菜单中选择"打开 Windows 资源管理器"命令。打开资源管理器，显示的是资源管理器窗口，如图 2-18 所示。

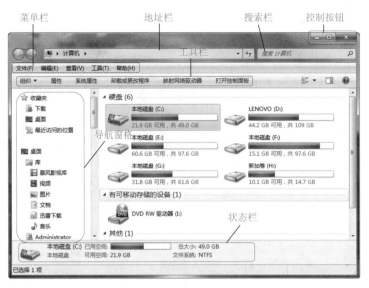

图 2-18　资源管理器窗口

● 设置资源管理器窗口的图标为"小图标，平铺"显示，且按"名称"排序。

① 打开资源管理器窗口。

② 单击"查看"菜单，从弹出的下拉菜单中分别选择"小图标"命令、"平铺"命令和 "排序方式|名称"命令。

③ 单击"工具"菜单，从弹出的下拉菜单中选择"文件夹选项"命令，弹出"文件夹选项"对话框

④ 切换到"查看"选项卡，单击"应用到文件夹"按钮，如图 2-19 所示。

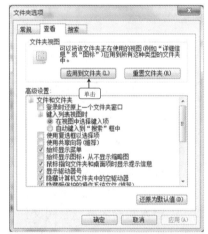

2.2.2　选择文件、文件夹

① 选择单个文件或文件夹，单击要选择的文件或文件夹即可。

② 选择多个连续文件或文件夹，单击要选择的第一个文件或文件夹，按住 Shift 键，再单击要选择的最后一个文件或文件夹，即可选定它们之间的所有文件或文件夹。

图 2-19　"文件夹选项"对话框

③ 选择多个不连续文件或文件夹，单击要选择的第一个文件或文件夹，按住 Ctrl 键，再依次单击其他要选择的文件或文件夹。

④ 全选文件或文件夹，按 Ctrl+A 组合键，就会自动将所有非隐藏属性的文件和文件夹全部选定。

2.2.3　新建文件、文件夹

● 在 D 盘根目录下创建 "个人资料"的文件夹，并在该文件夹中创建一个"学习计划"的文本文档。

① 打开资源管理器窗口。

② 进入到 D 盘目录。

③ 在 D 盘的空白处右击，从弹出的快捷菜单中选择"新建|文件夹"命令。此时 D 盘新建一个文件夹，并且该文件夹的名称以高亮状态显示，如图 2-20 所示。

④ 输入文件夹的名称"个人资料"。然后按 Enter 键，完成文件夹的新建和重命名操作。

⑤ 双击该文件夹进入"个人资料"文件夹，然后在窗口空白处右击，从弹出的快捷菜单中选择"新建|文本文档"命令，新建一个文本文档，如图 2-21 所示。

图 2-20　新建文件夹

图 2-21　新建文本文档

⑥ 输入文件名称"学习计划"，在文件图标外单击，完成文件命名操作。

2.2.4　文件、文件夹的重命名

● 将 D 盘文件夹"个人资料"改名为"常用文件"。

① 选择 D 盘下的"个人资料"文件夹。

② 单击"文件"菜单，从弹出的下拉菜单中选择"重命名"命令。

③ 输入新的名称"常用文件"，然后在图标外面单击或按 Enter 键。

● 将"常用文件"文件夹下的"学习计划.txt"改名为"我的简介.txt"。

① 打开 D 盘下的"常用文件"文件夹。

② 右击"学习计划.txt"文件。

③ 从弹出的快捷菜单中选择"重命名"命令。

④ 输入新的名称"我的简介.txt"，然后在图标外面单击或按 Enter 键。

🖉说明

（1）在重命名文件时，如果文件处于打开状态，则不能对该文件进行"重命名"操作。必须先关闭，再重命名，否则有可能会弹出错误提示对话框，如图 2-22 所示。

（2）在重命名时，一般不修改文件的扩展名，因为它关联到对应的应用程序，如果修改会导致文件无法打开。

☝技巧

　　重命名文件、文件夹时，可以使用 F2 键，选择重新命名的文件或文件夹，按 F2 键，然后输入新名字，最后在窗口空白的位置单击或按 Enter 键即可。

图 2-22　重命名错误提示对话框

2.2.5　复制、移动文件夹和文件夹

　　● 将 "C:\Windows\System32" 文件夹中的 "calc.exe" 文件复制到 "D:\常用文件" 文件夹中。

　　① 在资源管理器中打开 "C:\Windows\System32" 文件夹，选择 "calc.exe" 文件。

　　② 单击 "编辑" 菜单，从弹出的下拉菜单中选择 "复制" 命令，或者按 Ctrl+C 组合键。

　　③ 打开 "D:\常用文件" 文件夹，单击 "编辑" 菜单，从弹出的下拉菜单中选择 "粘贴" 命令，或按 Ctrl+V 组合键，完成文件的复制操作。

　　● "常用文件" 文件夹从 D 盘移动到 E 盘根目录中。

　　① 在资源管理器中，打开 D 盘根目录。

　　② 选择 "常用文件" 文件夹，单击 "编辑" 菜单，从弹出的下拉菜单中选择 "剪切" 命令，或按 Ctrl+X 组合键。

　　③ 打开 E 盘根目录，单击 "编辑" 菜单，从弹出的下拉菜单中选择 "粘贴" 命令，或按 Ctrl+V 组合键完成文件的移动操作。

✐说明

　　复制和移动的区别仅仅是对源对象的处理不同，复制是先 "复制"，而移动是先 "剪切"。不管先 "复制" 还是先 "剪切"，都是先把源对象放到剪贴板，到目标位置后，再把源对象从剪贴板粘贴到目标位置，而且可以多次粘贴，直到再复制或剪切新的内容到剪贴板。

2.2.6　删除文件、文件夹

　　● 将 "E:\常用文件" 文件夹中的 "calc.exe" 文件删除。

　　① 在 "我的电脑" 中打开 "E:\常用文件" 文件夹，选择 "calc.exe" 文件。

图 2-23　"删除文件" 对话框

　　② 单击 "文件" 菜单，从弹出的下拉菜单中选择 "删除" 命令，或按 Delete 键。

　　③ 弹出 "删除文件" 对话框，如图 2-23 所示。

　　④ 单击 "是" 按钮，即可删除。

✐说明

　　对于本地硬盘中的文件、文件夹，删除后一般会放到 "回收站" 中。如果想恢复已经删除的文件、文件夹，可打开 "回收站"，右击要恢复的文件、文件夹，从弹出的快捷菜单中选择

"还原"命令即可。

由于"回收站"是本地硬盘中的一块区域，所以"回收站"中只能存放本地硬盘中删除的文件、文件夹对象。对于移动设备中的文件、文件夹，一般是直接删除，不能恢复。

如果在删除文件时，按下 Shift 键，则删除的文件、文件夹不经过回收站，而是被永久性删除。

2.2.7　创建快捷方式

● 为"E:\常用文件"文件夹创建快捷方式，并发送到桌面上。

① 在桌面的空白处右击，从弹出的快捷菜单中选择"新建|快捷方式"命令。

② 打开快捷方式向导，在"请键入对象的位置"文本框中输入"E:\常用文件"，或单击"浏览"按钮选择路径。

③ 单击"下一步"按钮，然后输入名称（此处使用默认名称）。

④ 单击"完成"按钮，此时桌面上出现了一个名为"常用文件"的图标，且图标的左下角显示🔗标记，单击该图标可以打开"E:\常用文件"文件夹。

2.2.8　设置文件、文件夹的属性

● 设置 E 盘中"常用文件"文件夹的属性为"隐藏"。

① 在"我的电脑"中打开 E 盘根目录，右击"常用文件"文件夹。

② 从弹出的快捷菜单中选择"属性"命令，弹出属性对话框，选中"隐藏"复选框，如图 2-24 所示。

③ 单击"确定"按钮，弹出"确认属性更改"对话框（有子文件、文件夹才弹出），选中"仅将更改应用于此文件夹"单选按钮，单击"确定"按钮，如图 2-25 所示。

图 2-24　属性对话框

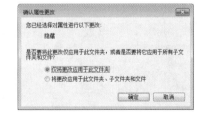

图 2-25　"确认属性更改"对话框

✏️说明

设置过隐藏属性之后的文件、文件夹一般情况下不显示。如果在"计算机"窗口或资源管理器窗口的"工具"菜单下"文件夹选项"功能中设置了"显示所有文件和文件夹"，

则隐藏的文件、文件夹也会显示出来，但以灰色显示。

不同文件的文件属性可能不同。

2.2.9　搜索文件、文件夹

● 使用"开始"菜单中的"搜索"功能，启动暴风影音。

① 单击"开始"菜单，在最下方的"搜索"文本框中输入"暴风影音"，如图 2-26 所示。

② 此时，系统自动搜索出与关键字"暴风影音"相匹配的内容，并将结果显示在"开始"菜单中，如图 2-27 所示。

图 2-26　"开始"菜单中的"搜索"文本框　　　　　　图 2-27　搜索结果

③ 直接选择"暴风影音"选项，即可启动程序。

● 在 C 盘中查找以 z 开头的所有扩展名为.txt 的文件。

① 打开资源管理器，切换到 C 盘根目录中。

② 在搜索栏中输入"z*.txt"，即可搜索出所有以 z 开头的文本文件，如图 2-28 所示。

图 2-28　搜索文件

✎说明

Windows 7 的文件搜索是动态的，当用户在搜索栏中输入第一个字时，系统的搜索就已经开始工作。

2.2.10 压缩、解压缩文件、文件夹

有时为了节省空间或复制、移动文件或文件夹方便，需将文件或文件夹执行压缩操作。在执行压缩操作之前，需要先在计算机中安装 WinRAR 软件。

● 使用 WinRAR 软件压缩 E 盘中的"常用文件"文件夹。

① 打开资源管理器，右击 E 盘中的"常用文件"文件夹。

② 在弹出的快捷菜单中选择"添加到'常用文件.rar'"命令。

③ 计算机开始执行压缩操作。

④ 压缩完毕后，E 盘根目录中出现"常用文件.rar"文件，完成压缩。

✎说明

有些文件，为了安全起见，在加密时需带上密码，如将 E 盘中的"常用文件"文件夹加密压缩，其设置方法如下。

① 右击 E 盘中的"常用文件"文件夹。

② 在弹出的快捷菜单中选择"添加到压缩文件"命令。

③ 弹出"压缩文件名和参数"对话框，切换到"高级"选项卡。

④ 单击"设置密码"按钮，在弹出的"带密码压缩"对话框中，输入两次密码，根据需要可以选中"加密文件名"复选框，如图 2-29 所示。

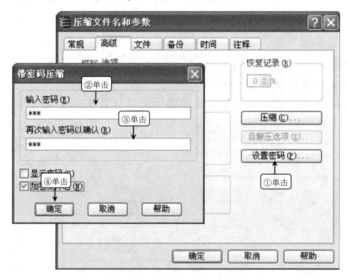

图 2-29 加密压缩

⑤ 单击"确定"按钮，返回到"压缩文件名和参数"对话框，单击"确定"按钮，完成加密压缩。

● 使用 WinRAR 软件解压缩"常用文件.rar"文件

① 在 E 盘根目录中，右击"常用文件.rar"文件。

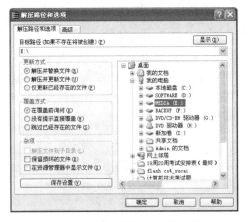

图 2-30 "解压路径和选项"对话框

② 在弹出的快捷菜单中选择"解压文件"命令。

③ 弹出"解压路径和选项"对话框,在"目标路径(如果不存在将被创建)"列表中选择解压后文件、文件夹的存放位置,如图 2-30 所示。

④ 单击"确定"按钮,计算机开始解压,直到完成。

如果是带有密码的压缩包,在解压前或解压过程中需要输入密码,否则解压出错。

2.2.11 使用库

Windows 7 操作系统的"库"默认有视频、音乐、图片、文档共 4 个库。

● 创建一个名为"资料"的库,并将 E 盘中的"常用文件"文件夹添加到该库中。

① 打开"计算机"窗口。

② 在窗口左侧的导航窗格中,选择"库"选项,打开"库"窗口。

③ 在窗口空白位置右击,在弹出的快捷菜单中选择"新建|库"命令。

④ 输入新库的名字"资料",完成新库的创建操作。

⑤ 右击"资料"库,在弹出的快捷菜单中选择"属性"命令。

⑥ 弹出"资料 属性"对话框,如图 2-31 所示。

⑦ 单击"包含文件夹"按钮,弹出"将文件夹包括在'资料'中"对话框,选择 E 盘中的"常用文件"文件夹。

⑧ 单击"包括文件夹"按钮,返回到"资料 属性"对话框,单击"确定"按钮完成文件夹的添加操作。此时打开"资料"库,即可看见刚刚添加的文件夹中的所有文件及文件夹。

图 2-31 "资料 属性"对话框

2.2.12 文件类型与应用程序关联

根据文件的扩展名,可以知道打开该文件的默认应用程序,这是因为该类型与应用程序之间建立了关联。

● 设置文本文件的默认关联程序为"写字板"。

① 右击"E:\常用文件\我的简介.txt"(任一文本文件都可以)。

② 从弹出的快捷菜单中选择"打开方式|选择默认程序"命令,弹出"打开方式"对话框,如图 2-32 所示。

图 2-32 "打开方式"对话框

③ 在"推荐的程序"选项组中选择"写字板"选项，如果在"推荐的程序"选项组中没有所需程序，则单击"其他程序"右侧的 ✓ 按钮查找本地机中安装的所有应用程序。

④ 选中"始终使用选择的程序打开这种文件"复选框，单击"确定"按钮。

再次打开文本文件时，系统就不再选择记事本程序，而是默认使用写字板程序打开文本文件。

任务 3 个性化 Windows 7

任务描述

使用控制面板对计算机进行设置，以满足用户个性化的需要。

任务分析

Windows 7 操作系统的个性化设置包括设置系统时间和日期、添加与删除输入法、设置鼠标、添加和删除应用程序、管理账户等。通过这些设置满足可以用户的使用习惯并达到赏心悦目的效果。

相关知识

控制面板是 Windows 7 系统图形用户界面一部分，可通过"开始"菜单访问。它允许用户查看并操作基本的系统设置，如添加/删除软件、控制用户账户、更改辅助功能选项等。

任务实施

单击"开始"菜单，选择"控制面板"命令，可以打开 Windows 的控制面板，可以对Windows 系统的环境和参数进行设置，如图 2-33 所示。

图 2-33 控制面板

2.3.1 设置系统时间和日期

● **修改系统日期/时间。**

① 打开控制面板，单击"时钟、语言和区域"超链接，打开"时钟、语言和区域"窗口。

② 选择"日期和时间"类别中的"设置时间和日期"选项，弹出"时间和日期"对话框。

③ 单击"更改日期和时间"按钮，弹出"日期和时间设置" 对话框，从中完成日期和时间设置，如图 2-34 所示。

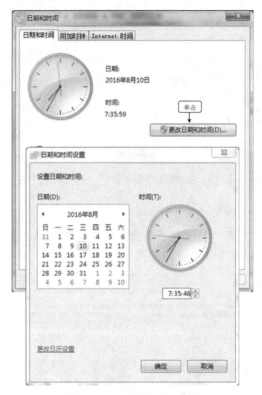

图 2-34　日期和时间设置

2.3.2　添加和删除输入法

● 添加和删除本地机上的输入法。

① 在任务栏的通知区域（桌面右下角），右击语言栏，从弹出的快捷菜单中选择"设置"命令，弹出"文本服务和输入语言"对话框，或者在控制面板中单击"区域和语言"超链接，弹出"区域和语言"对话框，然后在"键盘和语言"选项卡中单击"更改键盘"按钮，弹出"文本服务和输入语言"对话框。

② 在"默认输入语言"列表中选择一种输入法，单击"添加"按钮，添加输入法，如图 2-35 所示。

③ 已经添加的输入法显示在"已安装的服务"列表中。

如果要删除输入法，可以进行以下操作。

④ 在"已安装的服务"列表中选择一种输入法，单击"删除"按钮，即可将选择的输入法删除。

⑤ 如果单击"属性"按钮，还可以弹出输入法的"属性设置"对话框，对输入法进行

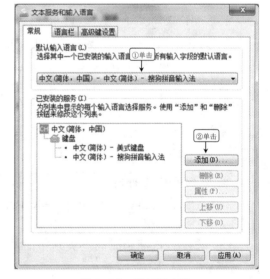

图 2-35　添加输入法

设置。

2.3.3　设置鼠标

鼠标是 Windows 7 操作系统的重要工具，为了正确使用，可以对其属性进行设置。

● **设置鼠标。**

① 在控制面板中，单击"硬件和声音"超链接，打开"硬件和声音"窗口。

② 选择"设备和打印机"类别中的"鼠标"选项，弹出"鼠标 属性"对话框。

③ 设置鼠标双击的速度，按左/右手习惯操作、鼠标指针形状、是否显示指针轨迹等。

2.3.4　添加和删除应用程序

● **安装应用程序。**

程序的安装通常都是运行一个名为"setup.exe"的文件来实现的，在安装过程中，按照向导选择安装位置，输入软件的序列号即可。

● **删除应用程序。**

① 打开控制面板。

② 单击"卸载程序"超链接，进入"卸载或更改程序"界面。

③ 此时可以查看已经安装了的程序，选择要卸载的程序，单击"卸载"按钮即可删除应用程序，如图 2-36 所示。

图 2-36　卸载应用程序

2.3.5　管理账户

Windows 7 是一个多用户、多任务的操作系统，它允许每个使用计算机的用户建立自己的专用工作环境。每个用户都可以为自己建立一个用户账户，并设置密码，只有在输入正确的用户名和密码之后，才可以进入到系统中。

● **创建一个账户"小七"。**

① 打开控制面板。

② 单击"添加或删除用户账户"超链接，打开"管理账户"窗口，其中显示系统中已经存在的账户。

③ 单击"创建一个新账户"超链接，打开"创建新账户"窗口。

④ 输入新账户的名字"小七"，并选择账户的类型（共两种类型：标准用户或管理员），如图 2-37 所示。单击"创建账户"按钮，完成账户的创建操作。

图 2-37　添加账户

● 为账户"小七"添加密码和更改图片。

① 在"管理账户"窗口中，单击账户"小七"，打开"更改账户"窗口。

② 单击"创建密码"超链接，可以为账户"小七"创建登录密码。

③ 单击"更改图片"超链接，可以为账户"小七"修改图片。

④ 注销或启动 Windows 7 操作系统时，可以看到账户"小七"，并选择"小七"登录到系统。

任务 4　使用 Windows 7 附件工具

任务描述

熟悉 Windows 7 操作系统提供的常用附件。

任务分析

Windows 7 提供的常用附件有文本编辑软件记事本和写字板，其中写字板编辑的文本可以带基本的格式设置；用来常规计算的计算器；用于图片基础处理和编辑的画图工具，以及截图工具。

任务实施

2.4.1 记事本

记事本是用来进行简单文字处理的工具，编辑的文档为文本文件，其扩展名为.txt。一般情况下，记事本里的文本是显示在一行中的。使用"格式"菜单中的"自动换行"命令，文本会根据窗口大小自动换行显示。

单击"开始"菜单，选择"所有程序|附件|记事本"命令，即可打开记事本程序。

2.4.2 写字板

写字板是 Windows 7 操作系统中一个基本文字处理程序，它可以用来创建、编辑、查看和打印文档。单击"开始"菜单，选择"所有程序|附件|写字板"命令，即可打开写字板程序，如图 2-38 所示。

图 2-38 写字板窗口

（1）创建文档。

每次启动写字板程序，系统即会为用户创建一个新文档，或者单击"写字板"菜单 ，在弹出的菜单中选择"新建"命令，也可以创建一个新文档。

（2）编辑文档。

● 在新文档中输入"粽子香，香厨房……处处都端阳"，并设置格式为"华文楷体、加粗、20 号、居中"。

① 将光标定位在写字板中，输入内容，如这里输入"粽子香，香厨房。艾叶香，香满堂。桃枝插在大门上，出门一望麦儿黄。这儿端阳，那儿端阳，处处都端阳。"

② 选中输入的文本，将文本的格式设置为"华文楷体、加粗、20 号、居中"，效果如图 2-39 所示。

③ 按 Enter 键换行，单击"插入"组的"图片"按钮，弹出"选择图片"对话框，在

该对话框中选择一幅图片，如图 2-40 所示。

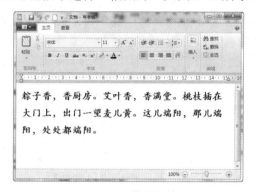

图 2-39　编辑文档

图 2-40　"选择图片"对话框

④ 单击"打开"按钮，插入图片。

（3）保存文档。

文档编辑完毕，就需要对文档进行保存，否则一旦断电或关闭计算机，编辑的文档就丢失了。要保存文档，可采用以下操作。

① 单击"写字板"菜单 ，选择"保存"命令。

② 或者直接单击快速访问工具栏中的"保存"按钮 🖫。

如果是第一次保存，则会弹出"保存为"对话框，如图 2-41 所示。在最上端的地址栏下拉列表中选文档的保存位置；在"文件名"下拉列表中输入文档的保存名称；在"保存类型"下拉列表中设置文档的保存类型。设置完毕后单击"保存"按钮，即可保存文档。

图 2-41　"保存为"对话框

2.4.3　计算器

计算器是 Windows 7 中一个数学计算工具，具有"标准型"、"科学型"等多种模式。单击"开始"菜单，选择"所有程序|附件|计算器"命令，即可打开计算器程序，如图 2-42 所示。

（1）标准型。

标准型是计算器默认的工作模式，可以满足用户大部分日常计算要求。

● 使用计算器计算"2*4+6*7"的值。

① 依次单击"2"、"*"、"4"、"="按钮，计算出 2*4 的值为 8。

② 单击"MS"存储按钮，将显示区中的数字保存在存储区域中，然后开始计算 6*7 的值。

③ 依次单击"6"、"*"、"7"、"="按钮，计算出 6*7 的值为 42。

④ 单击"M+"按钮，将显示区的数字和存储区的数字相加，然后单击"MR"按钮，将存储区中的数字调至显示区，如图 2-43 所示。

（2）科学型。

用户在从事比较专业的计算工作时，可以使用科学型计算器来完成工作。

● 使用计算器计算 sin 30° 的值。

① 在"计算器"窗口中选择"查看|科学型"命令，将计算器切换为科学型。

② 依次单击"3"、"0"按钮，输入角度 30。

③ 单击正弦函数按钮"sin"，即可计算出 30° 的正弦值，并将结果在显示区显示，如图 2-44 所示。

图 2-42　计算器　　　图 2-43　计算"2*4+6*7"的值　　　图 2-44　计算"sin 30°"的值

（3）日期计算功能。

计算器还提供了日期计算功能，方便用户计算两个日期之间的天数。

● 使用计算器计算 2011 年 6 月 10 日到 2013 年 10 月 23 日之间相差几天。

① 在"计算器"窗口中选择"查看|日期计算"命令，打开日期计算面板。

② 在"选择所需的日期计算"下拉列表中选择"计算两个日期之差"选项，分别设置两个日期，设置完成后单击"计算"按钮，即可计算出两个日期之差，如图 2-45 所示。

图 2-45　计算两个日期之差

2.4.4 画图

单击"开始"菜单，选择"所有程序|附件|画图"命令，即可打开"画图"程序，如图 2-46 所示。

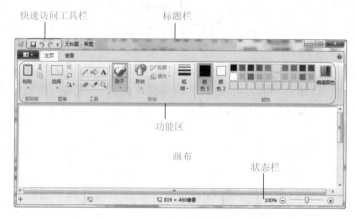

图 2-46　画图程序

● 使用绘图工具绘制一个"四角星形"。

① 打开"画图"程序。

② 在"形状"下拉列表中选择"四角星形"图案，在"轮廓"下拉列表中选择"纯色"选项，单击"颜色 1"按钮，然后在颜色区域选择"红色"；在"填充"下拉列表中选择"纯色"选项，单击"颜色 2"按钮，然后在颜色区域选择"黄色"；在"粗细"下拉列表中选择"1 px"选项。

③ 选择完成后，在画布区域按住鼠标左键拖动绘制出一个四角星形图案，如图 2-47 所示。

图 2-47　四角星形

2.4.5 截图

截图工具是 Windows 7 操作系统中新增的一个工具，能够方便用户截取屏幕上的画面。单击"开始"菜单，选择"所有程序|附件|截图工具"命令，即可打开截图程序，即可打开截图工具的控制工具栏，如图 2-48 所示。

图 2-48　截图工具控制工具栏

（1）矩形截图。

默认设置下，即为矩形截图模式。在截图工具控制工具栏之外，当光标变成十字的形状 ✛，按住鼠标左键拖动，即可绘制一个矩形的截图区域，区域选定后，松开鼠标左键，自动打开"截图工具"窗口，其中显示截取好的图片，单击"保存"按钮可保存该图片。

（2）窗口截图。

为了方便用户截图，截图工具还提供了窗口截图的功能。

单击截图工具控制工具中的"新建"按钮右边的下拉按钮 ▾，在弹出的下拉列表中选择"窗口截图"选项。此时，软件自动识别当前打开的窗口，用户只需在要截图的窗口中单击，即可截取该窗口。

（3）全屏幕截图。

用户若要截取整个计算机屏幕，可使用全屏截图功能。

单击截图工具控制工具栏中的"新建"按钮右边的下拉按钮，在弹出的下拉列表中选择"全屏幕截图"选项，可自动截取当前屏幕中的内容。

（4）任意格式截图。

任意格式截图即不受形状限制，截取屏幕上任意大小的一块区域。

单击截图工具控制工具栏中的"新建"按钮右边的下拉按钮，在弹出的下拉列表中选择"任意格式截图"选项，即可拖动鼠标在屏幕上截取一个任意大小和形状的区域，如图 2-49 所示。

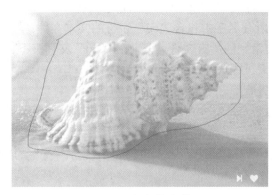

图 2-49　任意格式截图

任务 5　任务体验

1．任务

（1）Windows 7 的基本操作。

（2）资源管理器的使用。

（3）特殊符号输入练习。

2．目标

（1）熟悉 Windows 7 桌面图标和窗口显示的设置方法。

（2）掌握文件、文件夹的创建、复制、移动、重命名等资源管理的操作。

（3）掌握特殊标点符号所对应的键，以及 Windows 7 附件工具的应用。

3．思路

步骤一：Windows 7 的基本操作

（1）使用默认账户名登录 Windows 7 操作系统。

（2）更改桌面图标，以"中等图标"显示，并按"项目类型"排序。

（3）打开"计算机"和"网络"窗口两个窗口，并且设置两个窗口并排显示。

（4）修改 Windows 7 操作系统的主题。

（5）使用"开始"菜单中的"搜索"功能，打开"记事本"程序。

（6）拖动任务栏到桌面右侧。

步骤二：资源管理器的使用

（1）在计算机的最后一个盘，新建一个文件夹，并命名为"Myfold"。

（2）在"Myfold"文件夹中，新建一个 Word 文档和一个 TXT 文件。

（3）将 Word 文档的默认名字重新命名为"myWord"；将 TXT 文件的名字重命名为"myTxt"。

（4）在"Myfold"文件夹中，新建一个文件夹"txt"。

（5）在 C 盘下搜索所有名字中包含"cd"字符的文本文件。

（6）将第（5）步搜索到的所有文件，复制到"txt"文件夹下。

（7）将"txt"文件夹压缩成"txt.rar"。

（8）将"txt"文件夹删除。

步骤三：特殊符号输入练习

（1）在桌面空白处右击，从弹出的快捷菜单中选择"新建|文本文件"命令，然后双击打开该文本文件，输入表 2-2 中的符号。

表 2-2　中文标点符号及对应的键

中文标点符号	对应的键	中文标点符号	对应的键
，逗号	，	' '单引号	'
。句号	.	" "双引号	"
·实心点	@ 或 `	……省略号	^
、顿号	\ 或 /	《》书名号	< >
¥人民币符号	$	【】	[]

（2）单击"文件"菜单，从弹出的下拉菜单中选择"保存"命令。

第3章　Word 2010 文档处理

任务 1　制作篮球赛海报

任务描述

本任务主要利用 Word 2010 创建一个篮球赛海报，其效果如图 3-1 所示。

图 3-1　海报效果

任务分析

制作一个图文混排的海报，对于 Word 初学者可利用 Word 自带的模板进行设计，并通过制作海报掌握 Word 2010 的启动、新建、保存、打开等基本操作。

相关知识

1．Word 文档

Word 是微软 Office 系列中的文字处理软件，用于对文字、图表等进行编排处理，形成文档文件。亦可对数据进行简单处理，并制作网页页面等。

2．文档类型

Word 2010 中文档的默认文件类型为".docx"，它是可以包含多媒体元素的文档文件，此外亦可读取和保存其他类型文件，包括 Word 2007 以及之前的版本（.doc）、文档模板（.dotx，.dot）、纯文本（.txt）、PDF 格式（.pdf）、网页（.html）等。

3．模板

模板（Templates）又称样式库，是一组样式的集合，是预先设置好最终文档外观框架的特殊文档，模板文件的后缀名是.dot。

任务实施

3.1.1　新建文档

● 使用模板，新建一个"篮球赛海报"文档，其操作步骤如下。

① 启动 Word 2010。Word 2010 窗口如图 3-2 所示。

② 单击"文件"选项卡中的"新建"按钮，选择"传单"选项。在弹出的窗口中会显示传单的模板。

③ 在"Office.com 模板"中选择"高校篮球热身赛海报"模板，单击"下载"按钮，即可根据当前选定的模板创建演示文稿，如图 3-3 所示。

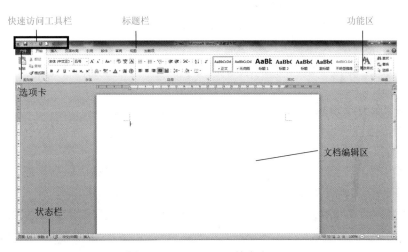

图 3-2　Word 2010 基本窗口

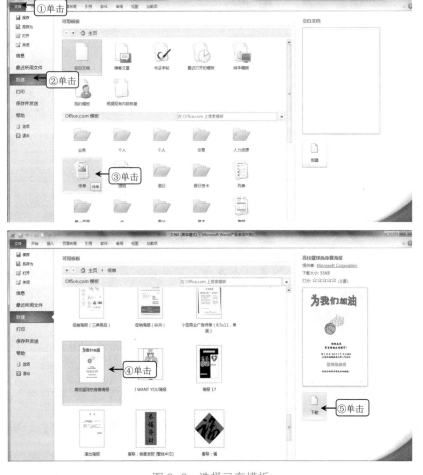

图 3-3　选择已有模板

✎说明

◆创建演示文稿的方法有多种，常用的方法有空白文档、样本模板、Office.com 模板。

其中空白文档不带任何设计，只有空白页面；而样本模板和 Office.com 模板提供了建议内容和设计方案，是创建文档最迅速的方法。

3.1.2 保存文档

● 保存"篮球赛海报"文档。

① 单击快速访问工具栏中的"保存"按钮，弹出"另存为"对话框，在对话框左侧的导航窗格中找到文件的保存位置。

② 在"文件名"组合框中输入文件名"篮球赛海报"。单击"保存"按钮，保存文档，Word 2010 在保存文档时的默认扩展名为".docx"，如图 3-4 所示。

图 3-4 "另存为"对话框

◇说明

在保存文档时，如果文档是新建文档，则单击"保存"按钮将弹出"另存为"对话框，要求设置文档名称和文档路径。当文件存在后，再保存则不会修改文件名和路径，只有通过"另存为"命令方能修改。

◇技巧

在"另存为"对话框中，如果选择演示文稿的保存类型为".html"，可以将文档转换为网页浏览格式。

3.1.3 编辑文档

● 编辑"篮球赛海报"文档。

通过模板创建海报后，对内容进行修改。

（1）输入文本。

① 单击文档中的"篮球热身赛"，光标闪动，删除内容并将其修改为"计算机学院篮球决赛"。

② 将"东篮球场观看我们第三年度的"修改为比赛班级。

♥说明

在文档的编辑区有一个黑色的竖线在闪烁，称之为"插入点"，用户每次输入的内容都会在插入点位置显示。当输入到一行结尾时，Word 会自动将后续输入的内容显示到下一行。如果用户希望在任意位置换行，在插入点位置按 Enter 键，这样会产生一个段落标记"↵"。如果按 Shift+Enter 组合键，会产生一个手动段落标记"↓"，虽然此时也能达到换行输入的目的，但这样并不会结束这个段落，而只是换行输入而已，实际上前一个段落与后一个段落仍为一个整体，在 Word 中仍默认它们为一个段落。

♥技巧

文本选择基本方法

选择文本：鼠标拖动。

选择词组：在词组上双击。

选择一句：在要选择的句子中的任意位置按住 Ctrl 键的同时单击。

选择一行：将鼠标指针移到该行的左侧，当鼠标指针变成反向箭头 形状时，单击选择，并按住鼠标左键向上或向下拖动可选择多行。

选择一段：将鼠标指针移到该段落的左侧，当鼠标指针变成反向箭头时双击可选择，选择一段后按住鼠标左键拖动可选择多个段落。

选择连续区域：先单击选区范围的起始位置，按住 Shift 键再单击选区范围的结束位置，就可以选择起始位置和结束位置之间的区域。

选择不连续区域：按住 Ctrl 键的同时使用前面介绍的方法分别选择不同的区域，就可以得到一个包含不连续区域的选区。

选择文本块：按住 Alt 键选取任意区域。

（2）输入特殊符号。

很多时候，用户输入的字符都可以从键盘上直接输入，如果输入的字符不在键盘按键上，如 、 等，这时可以借助 Word 提供的插入特殊符号功能来完成。

① 将"插入点"置于文字"请于 5 月 24 日下午 4 点前往"之前。

② 单击"插入"选项卡"符号"组中的"符号"按钮 ，在弹出的下拉列表中，将显示最近或常用的一些符号。

③ 选择列表下端的"其他符号"选项，弹出"符号"对话框，如图 3-5 所示。

④ 切换到"符号"选项卡，在"字体"下拉列表中选择"Wingdings"选项，可在下方显示不同的符号，查找选择时间图标，单击"插入"按钮即可将选择的符号插入到文档中。

（3）输入日期和时间。

日期和时间在文档中会经常用到，在文档中输入日期的操作非常简单，其具体操作步骤如下。

① 删除文字"请于 5 月 24 日下午 4 点前往"。

② 单击"插入"选项卡"文本"组中的"日期和时间"按钮，弹出"日期和时间"对话框，如图 3-6 所示。

③ 在"可用格式"列表中根据需要选择相应的格式，单击"确定"按钮。

④ 将日期修改为比赛日期"2016-06-09"，并添加时间"4:00PM"。

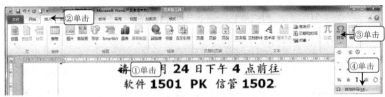

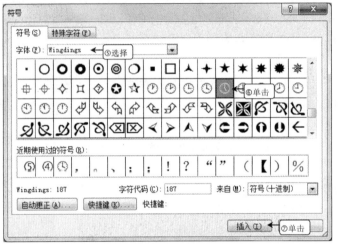

图3-5　"符号"对话框

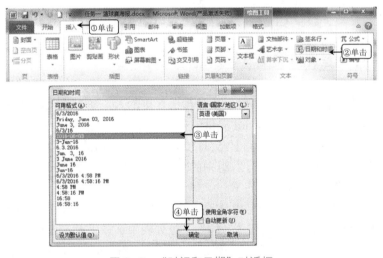

图3-6　"时间和日期"对话框

⚲说明

　　"日期和时间"对话框中显示的时间是系统时间，如果选择"自动更新"，文档读取时还会自动读取当前时间，如果需要修改时间，则"确定"插入时间后再在文档中修改。

3.1.4　关闭文档

● 关闭"篮球赛海报"文档。

单击"文件"选项卡中的"关闭"按钮，即可关闭"篮球赛海报"文档。

说明

如果对文档的更改尚未保存，关闭时则会弹出提
示对话框，询问是否保存所做修改，如图 3-7 所示。

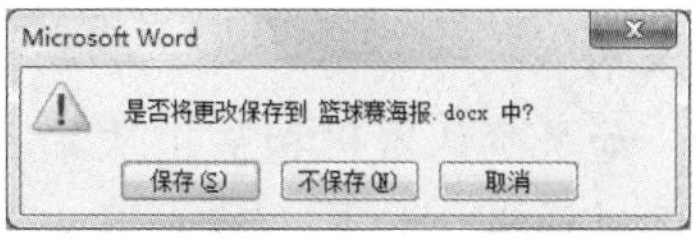

图 3-7 提示对话框

3.1.5 打开文档

● **打开"篮球赛海报"文档。**

单击"文件"选项卡中的"打开"按钮，弹出"打开"对话框。选中"篮球赛海报.docx"
文档，单击"打开"按钮，如图 3-8 所示。

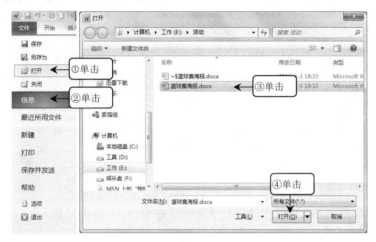

图 3-8 "打开"对话框

技巧

为避免不小心的失误对原件造成影响，应以副本或只读
方式打开该文件，其操作方式如下：在"打开"对话框中，
单击"打开"按钮右侧的下拉按钮，从弹出的下拉列表中选
择文档的打开方式，如图 3-9 所示。

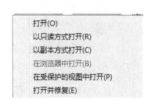

图 3-9 选择文件的打开方式

3.1.6 加密与解密文档

● **为防止他人修改海报，给"篮球赛海报"文档加密，设置密码为"jsj123"。**

为文档设置密码，可以保护重要的文档不会被其他人轻易地打开或修改。密码分为打
开权限密码和修改权限密码两种。

Word 2010 提供了两种加密文档的方法。

（1）使用"保护文档"按钮加密文档。

① 打开"篮球赛海报"文档。

② 单击"文件"选项卡中的"信息"按钮，单击"保护文档"按钮下端的下拉按钮，
在弹出的下拉列表中选择"用密码进行加密"选项，如图 3-10 所示。

③ 在弹出的"加密文档"对话框的"密码"文本框中输入密码，如图 3-11 所示。

④ 单击"确定"按钮，弹出"确认密码"对话框。在"重新输入密码"文本框中再次

输入密码。

✎说明

　　如果确认密码和第 1 次输入的密码不同，系统就会弹出"确认密码与原密码不相同"提示对话框，如图 3-12 所示。单击"确定"按钮，可以返回"确认密码"对话框，再重新输入密码。

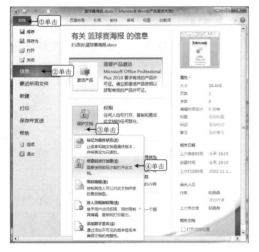

图 3-10　　"保护文档"下拉列表

图 3-11　"加密文档"对话框

图 3-12　确认密码与原密码不相同

　　⑤ 单击"确定"按钮就对文档进行了加密。加密后，"保护文档"按钮右侧的"权限"两个字则会由原来的黑色变为红色。

　　⑥ 单击"关闭"按钮，弹出信息提示对话框，单击"保存"按钮关闭文档。

　　⑦ 再打开该文档时，将弹出"密码"对话框，需要输入正确的密码方能打开文档。

　　(2) 使用"另存为"对话框加密文档。

　　① 弹出"另存为"对话框。

　　② 单击"工具"按钮，在弹出的下拉列表中选择"常规选项"选项，如图 3-13 所示。

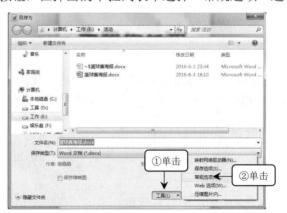

图 3-13　"常规选项"选项

　　③ 弹出"常规选项"对话框，在"打开文件时的密码"和"修改文件时的密码"文本

框中输入对应密码，如图 3-14 所示。

④ 单击"确定"按钮，弹出"确认密码"对话框，再次输入打开文件时的密码。

⑤ 单击"确定"按钮，再次弹出"确认密码"对话框。输入修改文件时的密码。单击"确定"按钮，返回"另存为"对话框，单击"保存"按钮，返回文档。

⑥ 再次打开该文档时，弹出"密码"对话框，需要输入的是打开文件所需的密码，如图 3-15 所示。

⑦ 输入密码，然后单击"确定"按钮，会再次弹出"密码"对话框，如图 3-16 所示，这时需要输入的是修改文件所需的密码。如果只是打开查看文档，那么直接单击"只读"按钮即可打开文档；如果想修改文档，需要输入密码，单击"确定"按钮，即可打开文档并进行修改。

图 3-14　"常规选项"对话框

图 3-15　"密码"对话框

图 3-16　输入修改文档密码

（3）取消密码。

① 打开加密过的文档，弹出"另存为"对话框。

② 单击"工具"按钮，在弹出的下拉列表中选择"常规选项"选项。

③ 弹出"常规选项"对话框，从中分别删除"打开文件时的密码"和"修改文件时的密码"后，单击"确定"按钮，返回"另存为"对话框，然后单击"保存"按钮，即可取消文档的密码。

 ## 任务 2　制作活动策划书

任务描述

本任务主要利用 Word 2010 创建一个"图书漂流"活动策划书，其效果如图 3-17 所示。

图 3-17　活动策划书效果

任务分析

制作"图书漂流"活动策划书，需要对文档进行基本处理，包括对文本输入、字符格式、段落格式、页面格式进行设置，从而具备基本的文档处理能力。

相关知识

1．字符格式

字符格式是对文档字体进行设置，包括对字体类型、字形、字号、颜色、各种特殊效果、下画线线型、字符间距、缩放、上下位置、文字效果等进行操作设置。

2．段落格式

段落格式是对文档的段落进行设置，包括缩进和间距、换行和分页、中文版式、制表位等设置。

常规：段落的左右对齐、居中对齐的方式。

缩进：段落的左右缩进以及特殊格式设置。左右缩进（段落左右两侧分别距离正文边界的距离）特殊格式包括首行缩进（只有段落第一行缩进，如中文首行缩进两个汉字）和悬挂缩进（从第二行开始的各行都缩进，如项目符号）。

段前段后间距：段落作为整体和上一段以及下一段的间距。

行距：段落中各行之间的距离。其中最小值是指每一行允许的最小行距，注意必须填写"设置值"及对应度量单位；固定值是指每一行允许的固定行距且不能调整，若图形高度大于固定值将被裁剪。

3．项目符号和编号

在段落中常使用到项目符号和编号，以使文档的内容显得更加有条理。

4．格式刷

格式刷可以快速地将当前文本或段落的格式复制到另一段文本或段落上，大量地减少排版方面的重复操作。

5．设置页眉、页脚

页眉和页脚分别位于页面的顶端和底端。多用于添加文档相关信息，包括文档标题、页码、日期等。它位于页边距的范围外，不占用正文空间。

任务实施

3.2.1 输入文本内容

● 在"策划书"文档中，插入文字素材。

① 新建 Word 文档后，单击"插入"选项卡"文本"组中的"插入对象"下拉按钮，在弹出的下拉列表中选择"文件中的文字…"选项，弹出"插入文件"对话框，如图 3-18 所示。

图 3-18 "插入文件"对话框

　② 在"文件位置"下拉列表中选择文件路径，如"第三章\任务 2 制作活动策划书\素材"，选中"策划书（素材）.docx"文件，单击"插入"按钮，如图 3-18 所示。插入文字后的效果如图 3-19 所示。

图 3-19　插入素材后的效果

3.2.2　设置字符格式

● 将所有正文的字号设置为"宋体、四号"。

　① 按 Ctrl+A 组合键选择所有文本内容。

　② 单击"开始"选项卡"字体"组中的"字号"下拉按钮，在弹出的下拉列表中选择"四号"选项，单击"字体"下拉按钮，在弹出的下拉列表中选择"宋体"选项，如图 3-20 所示。

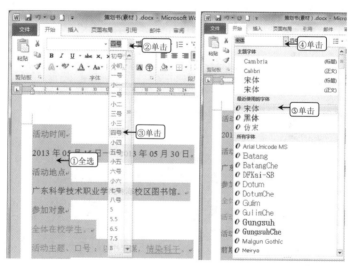

图 3-20　字体设置

技巧

　　字号是指文字大小。字号使用汉字，数字越小文字越大，另外可以使用阿拉伯数字制定文本大小，数字为磅数，数字越小字越小。

说明

　　"字体"组包含字体的快捷命令按钮，如图 3-21 所示。

图 3-21　"字体"组

　　部分按钮及功能如表 3-1 所示。

表 3-1　"字体"组的按钮及功能

按 钮	功 能
B	文本加粗
I	文本倾斜
U ▾	文本下画线及下画线设置
清除格式
显示文本的拼音
A	在一组字符周围添加边框
U	为文本添加下画线
abc	为文本添加删除线
x₂	为文本添加下标
x²	为文本添加上标
Aa ▾	更改英文大小写
A ▾	设置艺术字效果，可分为轮廓、阴影、映像和发光等效果
A ▾	文本颜色及颜色设置
ab	以不同颜色突出显示文本
A	为文本添加底纹背景
⊕	改变字体为带圈字符

　　● 将"策划书"正文中的红色文本"活动时间"、"活动地点"、"参加对象"和"活动流程"的字体格式设置为"黑体、三号、加粗"。

　　① 选择要设置的文本"活动时间"。

　　② 单击"开始"选项卡"字体"组右下角的对话框启动器 ，弹出"字体"对话框，如图 3-22 所示。

　　③ 在"中文字体"下拉列表中选择"黑体"选项；在"字号"列表中选择"加粗"选项；在"字号"列表中选择"三号"选项。

　　④ 双击"开始"选项卡"剪贴板"组中的"格式刷"按钮 。

　　⑤ 当鼠标指针变成格式刷形状 时，选择文本"活动地点"、"参加对象"和"活动流程"。

图 3-22 "字体"对话框

⑥ 再次单击"开始"选项卡"剪贴板"组中的"格式刷"按钮，关闭复制功能。

技巧

单击格式刷，则只能复制一次格式。

● 将"策划书"正文中的蓝色文本"前期活动宣传"、"收书阶段"、"书漂流阶段"和"图书回收阶段"加粗显示。（操作步骤略）

3.2.3 设置段落格式

（1）项目符号和编号。

● 为"策划书"中各一级标题（红色文字）段落添加"一.二.三.…"编号。为"策划书"中各二级标题（蓝色文字）段落添加"（一）（二）（三）…"编号（操作步骤略）。

① 选择"活动时间"段落。

② 单击"开始"选项卡"段落"组中的"编号"下拉按钮，弹出"编号"下拉列表。选择"定义新编号格式"选项，弹出"定义新编号格式"对话框。

③ 在"编号样式"下拉列表中选择"一，二，三（简）…"选项，在"编号格式"文本框中输入"一."，在"对齐方式"下拉列表中选择"左对齐"选项，如图 3-23 所示。

④选择"活动时间"段落，双击格式刷，并选择"活动地点"、"参加对象"和"活动流程"3 个段落。

技巧

格式刷默认情况下只复制字体格式，若要复制段落格式，必须选择整个段落再单击格式刷。

● 为"策划书"中绿色文字添加"1，2，3，…"编号。

① 选择第一部分绿色文字，并添加"1，2，3，…"编号。并使用格式刷对所有绿色

文字进行编号设置。

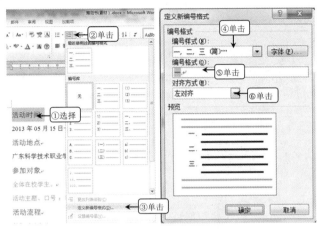

图 3-23　项目符号及编号设置

② 将光标置于编号为"3."的段落中，右击，在弹出的快捷菜单中选择"重新开始于 1"命令，如图 3-24 所示，此时该段落重新从 1 开始编号。重复此操作，将其他相应段落设置为从 1 开始编号。

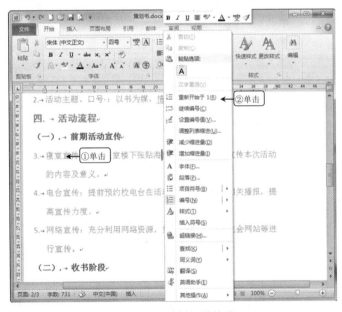

图 3-24　重新开始编号

✐技巧

添加自定义项目符号：当"项目符号"下拉列表中没有满意的项目符号时，还可以自定义项目符号，在"项目符号"下拉列表中选择"定义新项目符号"选项，弹出"定义新项目符号"对话框，在"符号"列表中选择需要添加的项目符号类型。

（2）段落设置。

● 将"策划书"中所有的段落设置为"左缩进 0 字符，首行缩进 2 个字符"；所有正文的字体颜色设置为"黑色，文字1"。

① 选择正文，单击"开始"选项卡"段落"组中右下角的对话框启动器，弹出"段落"对话框。

② 选择"缩进和间距"选项卡，在"缩进"选项组的"左侧"微调框中输入"0字符"，在"缩进"选项组的"特殊格式"下拉列表中选择"首行缩进"选项，在右侧的"磅值"微调框中输入"2字符"，如图3-25所示。

图3-25　设置段落格式

③ 单击"字体"组中的"字体颜色"下拉按钮，从弹出的下拉列表中选择"黑色，文字1"选项，如图3-26所示。

图3-26　设置颜色格式

3.2.4 添加页眉、页脚

● 为"策划书"正文添加页眉、页脚。

① 单击"插入"选项卡"页眉和页脚"组中的"页眉"按钮，弹出"页眉"下拉列表，选择"传统型"模板，如图 3-27 所示。在页眉的标题域中输入"策划书"，在年份域中输入"2016-5-22"。

② 单击"页眉和页脚"组中的"页脚"按钮，弹出"页脚"下拉列表，选择"年刊型"模板，如图 3-28 所示。

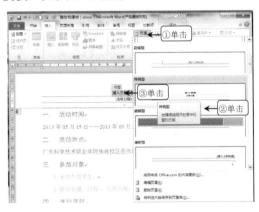

图 3-27 页脚设置

图 3-28 页脚设置

③ 双击页眉区或页脚区，进入页眉或页脚编辑状态，选择页脚。

④ 选中"设计"选项卡"选项"组中的"首页不同"复选框，看到首页页脚页码删除。

⑤ 单击"下一节"按钮跳转到第二节页脚，单击"页码"按钮弹出"页码格式"对话框，如图 3-29 所示。

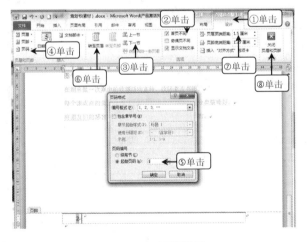

图 3-29 页脚设置

⑥ 选择"起始页码"从"1"开始。

⑦ 单击"转至页眉"按钮查看，首页无页眉，设置"页眉顶端距离"为"1.75 厘米"。

⑧ 单击"页眉和页脚"组中的"关闭页眉和页脚"按钮。

✎技巧

当文档较长或需要奇偶页设置不同页眉页脚时选中"奇偶页不同"复选框，即可对奇偶页的页眉页脚分别进行设置。

 任务 3　排版编辑论文

任务描述

本任务将排版一篇论文，效果如图 3-30 所示。通过该任务，介绍长文档的排版方法和技巧，包括应用样式，添加目录，使用查找、替换功能等内容。

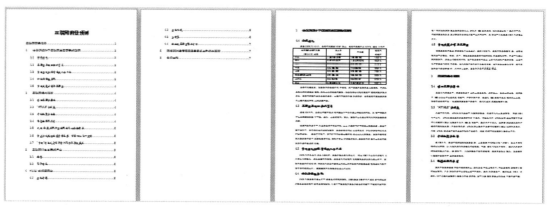

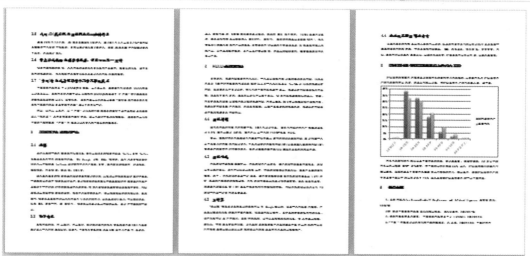

图 3-30 论文效果

任务分析

论文篇幅较长，必须对其进行编辑处理，包括添加目录、增加图表等，便于用户读写操作。

相关知识

1. 查找、替换

通过查找功能，用户可以快速搜索并定位到需要的文本位置，查找分为"查找"和"高级查找"两种方式，其中"高级查找"可以设定详细的查找条件，如图 3-31 所示。

使用替换功能，将查找到的文档或文档格式替换为新的文本或格式，且可进行部分替换或全部替换。

图 3-31 高级查找

2. 图表

图表可以使表格数据更加清晰直观，便于用户查看数据的差异并预测数据趋势。Word 2010 具有强大的图表功能，可以对图表的样式、布局、图表标题、坐标轴标题、图例、数据标签、数据表、坐标轴和网络线等进行设置。

3. 样式

样式是特定格式的集合，如字符格式、段落格式、项目符号等，将不同的格式集合到一起就形成了样式。一般应用在创建大量拥有相同版式和格式的文档中，使文档统一规范，如公司合同、公司制度和各类表格等。

4. 节

节是文档最大的格式化单位，每节中可以单独设置边距、页面边框、纸张方向、垂直水平对齐方式、页眉和页脚、分栏、页码、行号及脚注和尾注、纸型、打印机纸张来源等。

默认方式下，整个文档为一节，因此对文档的页面设置是应用于整篇文档的。若需要在一页之内或多页之间采用不同的格式设置就必须设置分节。

分节符类型分为以下几种。

下一页：强制文档分页，在下一页上开始新节。

连续：在同一页上开始新节，文档不会被强制分页。如果在分节符前后页面设置不同，会在插入分节符的位置强制文档分页。

偶数页：将在下一偶数页上开始新节。

奇数页：将在下一奇数页上开始新节。

5．文档属性

文档属性指文档的相关信息，如文档的标题、作者、文件长度、创建日期、最后修改日期、统计信息等。

6．目录

目录是一篇长文档或一本书的大纲提要，用户可以通过目录了解整个文档的整体结构，以便把握全局内容框架。

7．视图

文档的视图就是文档的显示方式。在对文档进行编辑的过程中，可以使用不同的显示方式有效地对文档进行编辑查看。

图 3-32　"文档视图"组

在"视图"选项卡"文档视图"组中包含页面视图、阅读版式视图、Web 版式视图、大纲视图和草稿 5 种视图方式，单击任意一个视图按钮，文档就会被更改为相应的视图，如图 3-32 所示。

页面视图：Word 2010 中最常用的视图方式，也是默认显示方式。按照文档打印的效果进行显示，实现"所见即所得"的功能，也能很好地显示文档的排版效果，可以进行文本、格式、版面或者文档外观的浏览和修改。

阅读版式视图：可以将当前文档按照浏览的模式进行显示。

Web 版式视图：利用 Web 版式视图显示文档时，文本会根据窗口大小的调整自动换行，并且不进行分页显示。因此，在 Web 版式视图的状态栏中没有页码和章节号等信息。如果文档包含超链接，则默认将超链接显示为带下画线的文本，将鼠标指针放至带超链接的文本上方，可以显示超链接的地址。

大纲视图：在撰写或组织文档时，利用大纲视图可以显示、修改或创建文档的大纲，突出文档的框架结构，显示文档中的各级标题和章节目录等，以便对文档的层次结构进行调整。

草稿视图：将页面布局进行简化，在草稿视图中不会显示文档的部分元素，如页眉与页脚等，草稿视图可以连续地显示文档内容，使阅读更为连贯。

任务实施

3.3.1　替换

● 将论文中的"Internet"替换为"互联网"，并设置颜色为红色。

① 打开"第 3 章\任务 3 排版编辑论文\素材\Internet 前景预测（素材）.docx"文档。

② 将光标置于文档的开头，单击"开始"选项卡"编辑"组中的"替换"按钮，弹出

"查找和替换"对话框。

③ 在"替换"选项卡中的"查找内容"文本框中输入"Internet",在"替换为"文本框中输入"互联网"。

④ 单击"更多〉〉"按钮展开更多信息,按钮文本变成"〈〈更少",如图 3-33 所示。

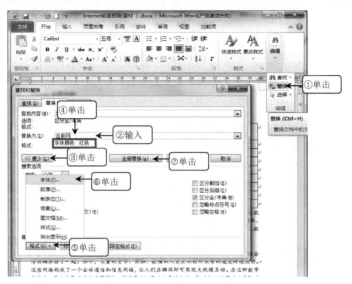

图 3-33　替换操作

⑤ 再次单击"替换为"文本框中的"互联网"文字,以确保是对其格式进行设定。

⑥ 单击"格式"按钮,在弹出的下拉列表中选择"字体"选项,弹出"替换字体"对话框,将字体颜色设置为红色,如图 3-34 所示。设置后可返回如图 3-33 所示的"查找和替换"对话框,看到替换文字格式为"字体颜色:红色"。

⑦ 单击"全部替换"按钮,Word 会自动将文档中从光标所在处到文档结尾处所有查找到的"Internet"替换为"互联网",并弹出提示对话框,如图 3-35 所示。

图 3-34　"替换字体"对话框

图 3-35　替换提示对话框

⑧ 单击"是"按钮,弹出替换完成对话框并显示完成替换的数量。单击"确定"按钮,

即可完成文本的替换。

📝说明

① 替换和查找的功能很多相似，都可以对格式进行进一步的设置。

② 替换时可以通过单击"查找下一处"按钮，找到需要替换的某一处内容后，单击"替换"按钮，仅对部分内容替换。

③ "更多"可以对包括字体、段落等多种格式进行设置，但是一定要注意插入点的位置，确定是对"查找内容"还是"替换为"的文本内容格式进行设置。

3.3.2 插入图表

● 在论文中，根据素材"图表数据.xlsx"中给定的数据制作图表。要求：图表类型为"簇状柱形图"，并应用"样式27"。

① 在论文最后一页将素材中的绿色文字"在此插入图表"删除。

② 单击"插入"选项卡"插图"组中的"图表"按钮，弹出"插入图表"对话框，在左侧的图表类型列表中选择"柱形图"选项，在右侧的图表样式中选择"簇状柱形图"图表样式，单击"确定"按钮，如图 3-36 所示。

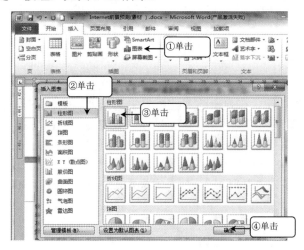

图 3-36　插入图表

③ 在 Excel 表中删除全部示例数据，将"素材\第 3 章 Word 文档处理\3.3 论文排版编辑\图表数据.xlsx"中的数据全部复制粘贴至 Excel 表的示例数据显示位置。

④ 单击"设计"选项卡"数据"组中的"选择数据"按钮，弹出"选择数据源"对话框，此时图表数据区域框处于激活状态，拖动鼠标选择 Excel 窗口的数据区域，如图 3-37 所示。单击"确定"按钮，完成图表数据源的选取。

⑤ 单击"切换行/列"按钮，切换图表中数据系列显示方式，关闭 Excel 窗口图表，效果如图 3-38 所示。

⑥ 单击"设计"选项卡"图表样式"组中"快速样式"按钮，在图表样式中选择"样式 27"样式，应用样式后的图表效果如图 3-39 所示。

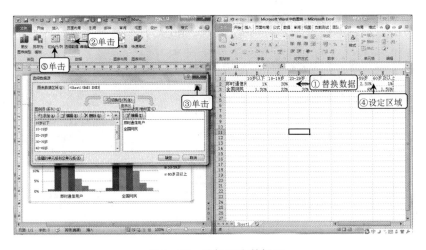

图 3-37 选择图表数据源

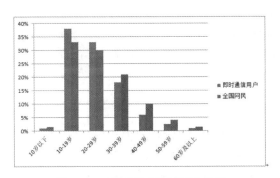

图 3-38 更改图表系列后的效果

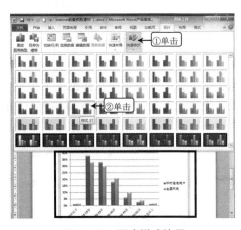

图 3-39 更改样式效果

3.3.3 使用样式

● 将论文标题"互联网前景预测"应用"标题"样式，将文中所有红色文字应用"标题1"样式，将文中所有蓝色文字应用"标题2"样式。

① 移动光标到标题所在段落的任意位置。

② 单击"样式"组中的"样式栏"或者"快速样式"按钮，选择"标题"样式，将标题"互联网前景预测"应用"标题"样式，如图 3-40 所示。

图 3-40 快速样式

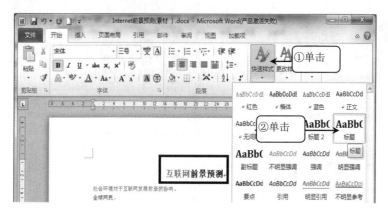

图 3-40　快速样式（续）

✏️说明

当文档窗口较大时，可显示"样式"窗格，否则"样式"窗格将缩小变成"快速样式"按钮。

③ 再将光标置于红色文字所在段落的任意位置。

④ 单击"样式"组右下角的对话框启动器，打开"样式"窗格，找到"红色"样式，单击右边的下拉按钮，在弹出的下拉列表中选择"选择所有 6 个实例"选项，如图 3-41 所示。此时所有的红色文字全部被选中，再选择"样式"窗格中的"标题 1"选项，则所有的红色文字全部应用了"标题 1"样式。

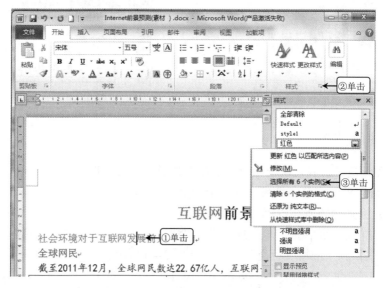

图 3-41　选中所有"红色"文本

⑤ 用相同的方法，将论文中所有的蓝色文字全部应用为"标题 2"样式。

3.3.4　修改样式

● 按照表 3-2 的要求，修改 Word 2010 内置样式

表 3-2 修改 Word 2010 内置样式要求

样式名称	字体	字体大小	段落格式
标题	黑体	二号	段前、段后 1 行，单倍行距
标题 1	宋体	四号	段前、段后 13 磅，单倍行距
标题 2	华文新魏	四号	段前、段后 0 磅，1.5 倍行距

① 将光标置于标题所在的段落，在"样式"窗格中，单击"标题"右边的下拉按钮，在弹出的下拉列表中选择"修改"选项，如图 3-42 所示。

② 弹出"修改样式"对话框，选择字体为"黑体，二号"。单击"格式"按钮，在弹出的下拉列表中选择"段落"选项，如图 3-42 所示。

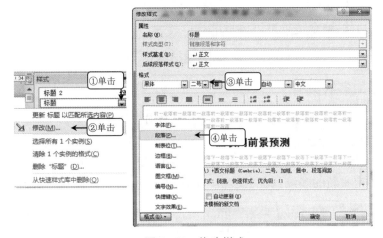

图 3-42 修改样式

③ 在弹出的"段落"对话框中设置段落格式为"段前、段后 1 行，单倍行距"。

④ 重复步骤①～③，按照表 3-2 的内容修改"标题 1"和"标题 2"样式。

3.3.5 新建样式

● 新建样式"论文正文"，要求：格式为"仿体，多倍行距 1.25 行，首行缩进 2 字符"，并将"论文正文"样式应用于字体为"楷体"的文本中。

①在"样式"窗格中，单击"新建样式"按钮，弹出"根据格式设置创建新样式"对话框。

② 在"名称"文本框中输入"论文正文"，在"后续段落样式"下拉列表中选择"论文正文"选项，其他设置如图 3-43 所示。

③ 将"论文正文"应用到"楷体"文本中。

✎说明

创建样式时，"样式基准"选项起到了样式格式继承的作用。例如，在新建某个样式时将"基准样式"设置为"正文"样式，那么就表示当前新建的样式已经拥有了"正文"样式中的所有格式，以"正文"样式为起点继续对样式中的格式继续调整。

✎技巧

当文档中的某些样式不再被使用时，可以将其删除。在"样式"窗格中右击要删除的样式，在弹出的快捷菜单中选择"删除……"命令即可。

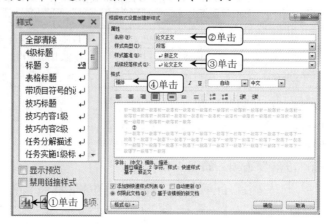

图 3-43　新建样式

3.3.6　添加多级编号

● **设置多级编号：一级目录一、二、三，二级目录 1.1、1.2……。**

① 将光标置于"标题 1"文本中。

② 单击"开始"选项卡"段落"组中的"多级列表"下拉按钮，弹出"多级列表"下拉列表，选择"定义新的多级列表"选项，如图 3-44 所示。

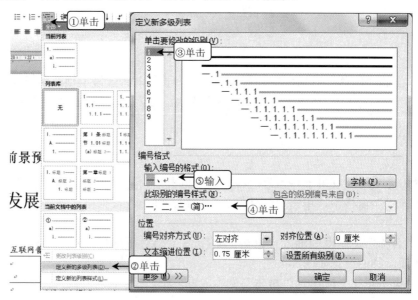

图 3-44　多级列表一级标题

③ 在弹出的"定义新多级列表"对话框的"单击要修改的级别"列表中选择"1"级，并选择此级别的编号样式为"一，二，三（简）"，在"输入编号的格式"文本框中添加顿号"、"，使一级标题编号变为"一、"。

④ 在"单击要修改的级别"列表中选择"2"级，并选择此级别的编号样式为"1，2，

3，…"，此时"输入编号的格式"文本框显示的二级标题编号变为"一、1"。

⑤ 单击"更多〉〉"按钮，按钮变成"〈〈更少"，如图 3-45 所示。

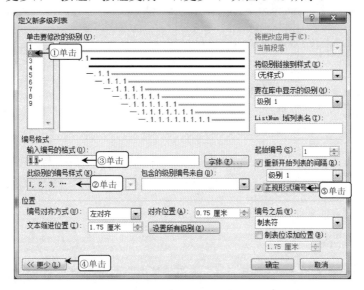

图 3-45 多级列表二级标题

⑥ 选择"正规形式编号"后，"输入编号的格式"变为"1.1"。

⑦ 单击"确定"按钮完成设置后即可在列表库中选择使用。

3.3.7 添加目录

● 利用标题样式生成毕业论文目录，要求：目录中含有"标题 1"、"标题 2"。

① 将光标置于论文标题"互联网前景预测"的后面。

② 单击"插入"选项卡"页"组中的"分页"按钮，将论文正文移到下一页显示，如图 3-46 所示。

图 3-46 分页工具栏

③ 将论文中 1 级标题"1 社会环境对于互联网发展前景的影响"前面的空白段落删除。

④ 将光标置于标题"互联网前景预测"段落的后面并按 Enter 键。

⑤ 单击"引用"选项卡"目录"组中的"目录"按钮，从弹出的下拉列表中选择"插入目录"选项，弹出"目录"对话框，如图 3-47 所示，对"格式"、"显示级别"、"制表符前导符"进行设置，单击"确定"按钮，生成论文目录。

✏️说明

要创建目录必须保证文档使用了标题样式，否则文档无法读取目录。

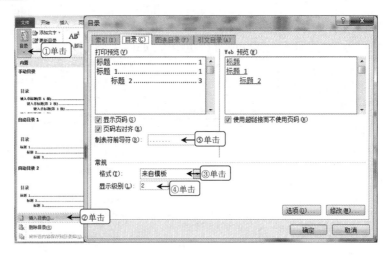

图 3-47　插入目录

3.3.8　修改目录

● 自定义目录样式，要求："目录1"改为"黑体，四号"；"目录2"改为"华文新魏，小四"；其中标题不在目录中显示。

① 单击"引用"选项卡"目录"组中的"目录"按钮，从弹出的下拉列表中选择"插入目录"选项，再次弹出"目录"对话框，单击"修改"按钮，弹出"样式"对话框，如图3-48所示。

② 在"样式"列表中选择"目录1"选项，单击"修改"按钮，弹出"修改样式"对话框，按照要求进行相应修改，单击"确定"按钮返回到"样式"对话框。用相同的方法修改"目录2"的样式。

③ 连续单击"确定"按钮，退回到"目录"对话框，再单击"选项"按钮，弹出"目录选项"对话框。

④ 将"标题"样式后面文本框中的文字删除，如图3-49所示。

图 3-48　"样式"对话框

图 3-49　设置目录显示

⑤ 连续单击"确定"按钮，弹出"Microsoft Office Word"对话框，单击"确定"按钮，完成目录修改。

技巧

　　文档内容更新后，必须对目录进行更新。更新目录的方法：单击"引用"选项卡"目录"组中的"更新目录"按钮，弹出"更新目录"对话框，如图 3-50 所示。如果选中"只更新页码"单选按钮，则仅更新现有目录项的页码，不会影响目录项的增加或修改；如果选中"更新整个目录"单选按钮，将重新创建目录。

图 3-50 "更新目录"对话框

3.3.9 分节

● 将"Internet 前景预测"论文进行分节，要求：在正文之前插入分节符。

　　① 单击"视图"选项卡"文档视图"组中的"草稿"按钮，将文档视图切换至草稿视图，如图 3-51 所示。

　　② 将光标置于正文文字的前面，单击"页面布局"选项卡"页面设置"组中的"分隔符"按钮，在弹出的下拉列表中选择"分节符"中的"奇数页"选项，如图 3-52 所示。分节符随即出现在插入点之前。

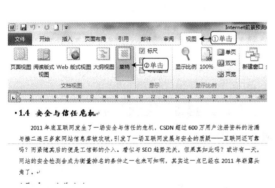

图 3-51 草稿视图

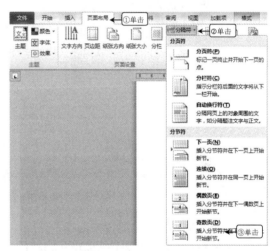

图 3-52 "分隔符"下拉列表

3.3.10 制作页眉页脚

（1）添加页眉。

● 为论文的奇偶页添加不同的页眉。

　　① 依据本章任务 2 中的方法进入页眉、页脚编辑编辑状态。

　　② 选中"设计"选项卡"选项"组中的"奇偶页不同"复选框。

　　③ 单击"设计"选项卡"导航"组中的"链接到前一条页眉"按钮，页面右上角的"与上一节相同"字样消失，此时断开第 2 节奇数页与第 1 节奇数页的链接，如图 3-53 所示。

　　④ 将光标置于页眉中间，单击"设计"选项卡"插入"组中的"文档部件"按钮，在弹出的下拉列表中选择"域"选项，弹出"域"对话框，如图 3-54 所示。

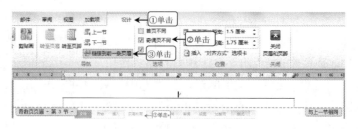

图 3-53　断开页眉链接

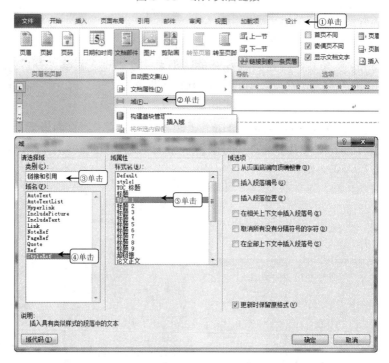

图 3-54　"域"对话框

⑤ 在"类别"下拉列表中选择"链接和引用"选项；在"域名"列表中选择"StyleRef"选项；在"样式名"列表中选择"标题 1"选项；单击"确定"按钮，可以看到在奇数页的中间出现了论文标题 1 的内容。

⑥ 将光标置于标题 1 内容的前面，重复步骤④、⑤，如图 3-49 所示的对话框中，在"样式名"列表中选择"标题 1"选项的同时选中"插入段落编号"复选框，单击"确定"按钮。这样标题 1 的编号（如"1"）就出现的页眉的中间，如图 3-55 所示。

图 3-55　奇数页页眉

⑦ 将光标置于论文正文偶数页，重复步骤③、④、⑤、⑥，在偶数页上插入页眉。

（2）添加页脚。

● 为论文添加页脚，要求：目录页的页码格式为"I，II，III，…"，起始页为"I"，页眉位置为"底端，外侧"；正文页的页码格式为"1，2，3，…"，起始页为"1"，页眉位置为"底端，外侧"。

① 在论文第 1 页的页脚区双击，进入目录页的奇数页页脚编辑状态。

② 单击"设计"选项卡"页眉和页脚"组中的"页码"按钮，在弹出的下拉列表中选择"设置页码格式"选项，弹出"页码格式"对话框。在"编号格式"下拉列表中选择"I，II，III，…"选项，在"页码编号"选项组选中"起始页码"单选按钮，将起始页码设置为"I"，单击"确定"按钮。（操作图可参考本章任务 2）。

③ 单击"设计"选项卡"页眉和页脚"组中的"页码"按钮，在弹出的下拉列表中选择"页面底端|普通样式 3"样式，如图 3-56 所示。

图 3-56　页面底端设置

④ 单击"设计"选项卡"导航"组中的"下一节"按钮，将光标置于偶数页页脚，重复步骤③，设置页脚所在段落的对齐方式为"左对齐"，此时目录页偶数页的页码显示在页脚左端。

⑤ 将光标置于正文页脚编辑区，断开所有奇偶页中第 2 节与第 1 节之间的页脚链接。

⑥ 重复步骤②、③、④，在"页码格式"对话框中，在"编号格式"下拉列表中选择"1，2，3，…"选项，在"页码编号"选项组中选中"起始页码"单选按钮，将起始页码设置为"1"，单击"确定"按钮，完成正文中的页脚设置。

3.3.11　统计字数

● 统计论文字数。

① 单击"审阅"选项卡"校对"组中的"字数统计"按钮。

② 弹出"字数统计"对话框，在对话框中将显示"页数"、"字数"、"字符数（不计空格）"、"字符数（计空格）"、"段落数"、"行数"、"非中文单词"和"中文字符和朝鲜语单

图 3-57　字数统计

词"等统计信息，另外还有"包括文本框、脚注和尾注"复选框，如图 3-57 所示。用户可以根据不同的统计信息来统计字数。

📎技巧

用户可以统计一个或多个选择区域中的字数，而不是文档中的总字数，进行字数统计的各选择区域无须彼此相邻。选择要统计字数的文本区域，再进行统计即可。

 任务 4　制作求职简历

任务描述

制作排版一个求职简历，内容包含个人概括、教育背景、外语水平、计算机水平、性格特点、业余爱好等，其效果如图 3-58 所示。

个人简历				
个人概况	求职意向：			
	姓名：	出生日期：		照片
	性别：	户口所在地：		
	民族：	专业和学历：		
	联系电话：			
	通信地址：			
	电子邮件地址：			
教育背景	[_年_月至_年_月]	[学校名称]	[专业]	
工作经验				
外语水平				
计算机水平				
性格特点				
业余爱好				

图 3-58　"求职简历"效果

任务分析

在个人历程中，个人简历是必不可少的，使用表格制作简历，内容翔实，布局简洁直观，是简历制作最常用的方法。通过该任务学习 Word 中的页面设置、表格制作与格式化等内容。

相关知识

1．页面设置

页面设置是指文档的页面布局，包括纸张大小、方向、页边距、页眉页脚、分节等设置。

默认文档为 A4（297mm×210mm），常用的包括 A3（297mm×420mm）、A5（148mm×210mm）等，此为国际标准规格，中国常用规格有 16 开（260mm×184mm）、8 开（368mm×260mm）、16 开（184mm×130mm）等型号的纸张。

纸张的方向分纵向和横向两种，默认为纵向。

2．表格

表格由水平行和垂直列组成，Word 可编辑设计规范化和不规范表格。规范表格即行列对齐的标准表格。行和列交叉的矩形部分称为单元格，即行和列的交叉组成的每一格称为单元格，它是表格的最小单位，在单元格中可以添加文字、图片、公式与函数等，可对数据进行记录、计算与分析。

3．内置的表格样式

Word 2010 所提供了近百种默认表格样式，以满足各种不同类型表格的需求。使用内置表格样式可在"设计"选项卡的"表格样式"组中选择相应的样式。

4．清除和删除表格

删除表格中的内容为"清除"，使用 Delete 键完成。删除整个表格需要选择整个表格后按 Backspace 键或者选择"布局"选项卡"行和列"组中的"删除"下拉列表中的"删除表格"选项。

任务实施

3.4.1　页面设置

● 新建 Word 文档"求职简历.docx"，并对文档进行页面设置：上下 2.5 厘米，左右 2 厘米。

① 新建一个空白文档，保存为"求职简历.docx"。

② 单击"页面布局"选项卡"页面设置"组右下角的对话框启动器，弹出"页面设置"对话框，如图 3-59 所示。

③ 选择"页边距"选项卡。

④ 在"页边距"选项组的"上"、"下"微调框中输入"2.5 厘米"，"左"、"右"微调框中输入"2 厘米"。

3.4.2　创建表格

● 新建一个 7×2 的表格。

① 单击"插入"选项卡"表格"组中的"表格"按钮，在弹出的下拉列表中，拖动鼠标选择 7 行 2 列。

② 单击插入一个 7 行 2 列的表格，如图 3-60 所示。

图 3-59　设置页边距

图 3-60　"求职简历"基本表格

图 3-61　"插入表格"对话框

🖉说明

快速插入的表格仅能创建 10×8 的表格，更多表格可以通过以下两种方式实现。

（1）插入表格。

在"表格"下拉列表中选择"插入表格"选项，弹出"插入表格"对话框，可自定义表格的行、列数，如图 3-61 所示。

"'自动调整'操作"选项组中各个选项的含义如表 3-3 所示。

表 3-3 "自动调整"操作说明

"自动调整"操作	描 述
固定列宽	设定列宽的具体数值，单位是厘米。当选择为自动时，表示表格将自动在窗口填满整行，并平均分配各列为固定值
根据内容调整表格	根据单元格的内容自动调整表格的列宽和行高
根据窗口调整表格	根据窗口大小自动调整表格的列宽和行高

（2）绘制表格。

使用绘制表格可以制作不规则的表格，如在表格中添加斜线等。选择"表格"下拉列表中的"绘制表格"选项，鼠标指针变为铅笔形状 ∅ 绘制。在需要绘制表格的地方单击并拖动鼠标绘制出表格的外边界，形状为矩形，在该矩形中绘制行线、列线或斜线。绘制完成后，按 Esc 键退出表格绘制模式。

3.4.3 合并与拆分单元格

● 参照图 3-58，将表格中的相应单元格进行拆分。

① 将光标置于第 2 行第 2 列单元格中右击，在弹出的快捷菜单中选择"拆分单元格"命令，弹出"拆分单元格"对话框，设置为"3 行 1 列"，如图 3-62 所示，效果如图中红框所示。

图 3-62 拆分单元格

② 按照相同的方法，将相应的单元格进一步拆分，效果如图 3-63 所示。

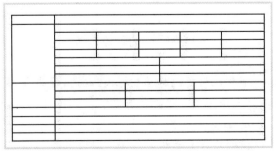

图 3-63 单元格拆分最终效果

③ 选择表格中第 1 行的两个单元格，右击，在弹出的快捷菜单中选择"合并单元格"命令，将第 1 行中的两个单元格合并为 1 个单元格。

④ 按照相同的方法，将表格中的其他单元格进行合并操作，效果如图 3-64 所示。

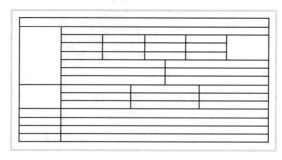

图 3-64　合并后效果

3.4.4　设置单元格的列宽和行高

● 参照图 3-58，调整各单元格的列宽和行高。

① 将光标移到第 1 行的下边框线上，当光标变为 ÷ 形状时，单击并拖动鼠标，在新位置将显示一条虚线，到合适的位置释放鼠标，如图 3-65 所示。

② 按照相同的方法，设置其他单元格的行高和列宽，效果如图 3-66 所示。

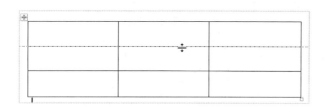

图 3-65　拖动行线调整行高

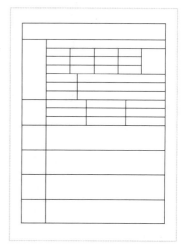

图 3-66　设置行高和列宽后的效果

☺技巧

调整行列的其他方法

方法一：拖动标尺

单击表格中的任意一个单元格，此时垂直标尺上将出现当前表格的行号，将光标移至行号上，当变为 形状时，直接拖动至目标位置即可，如图 3-67 所示。

方法二：使用"表格属性"对话框

使用这种方法，可以精确地设置表格的行高，具体的操作步骤如下。

① 选择需要调整的行，右击，在弹出的快捷菜单中选择"表格属性"命令，弹出"表格属性"对话框，选择"行"选项卡，如图 3-68 所示。

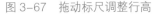

图 3-67　拖动标尺调整行高

图 3-68　设置行高

② 选中"指定高度"复选框，在"指定高度"微调框中输入具体的行高数值，单位是厘米，在"行高值是"下拉列表中选择"最小值"或"固定值"选项，单击"确定"按钮即可。

"行高值是"下拉列表中各选项的含义如下。

"最小值"是指行的高度最少要达到的高度，当文本的高度超过行高时会自动增加行高。

"固定值"是指行的高度为固定的数值，不可更改，文本的高度超出行高的部分将不再显示。

方法三：使用表格工具

选择需要调整的行，在"布局"选项卡"单元格大小"组中的"高度"微调框中输入具体的行高数值，如图 3-69 所示。

图 3-69　"单元格大小"组

方法四：平均分配各行的高度

选择需要平均分配的各行，单击"布局"选项卡"单元格大小"组中的"分布行"按钮，即可将表格中选择行的行高设置为同样的高度。

3.4.5　在单元格中输入文字

● 参照图 3-58，在相应单元格中输入"个人简历"、"求职意向"、"姓名"等内容。

① 将光标定位于第 1 行单元格，输入"个人简历"。

② 按 Tab 键或→键，将光标移到下一个单元格，输入"个人概况"。

③ 按照相同方法，分别输入相应的内容。

3.4.6　设置单元格对齐方式和字符格式

● 参照图 3-58，将"个人简历"所在单元格的格式设置成"黑体，小一，加粗，水平居中"；将"个人概况"、"教育背景"等文字所在单元格的格式设置成"黑体，小四，水平居中"，并将这些文字方向改为竖排；其他单元格中的格式设置成"宋体，小四，中部两端对齐"。

① 将光标置于第 1 行单元格中，单击"布局"选项卡"对齐方式"组中的"水平居中"对齐按钮，如图 3-70 所示。并设置字体格式为"黑体，小一，加粗"。

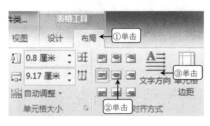

② 将光标移到"个人概况"所在单元格，按住鼠标左键向下拖动到"业余爱好"所在的单元格，即选择第一列，并将单元格的格式设置为"黑体，小四，水平居中"。

③ 在第一列处于选中状态下，单击"布局"选项卡"对齐方式"组中的"文字方向"按钮，将选择单元格中的文字改为竖排，如图 3-70 所示。

④ 按照相同方法，将其他单元格设置为"宋体，小四，中部两端对齐"。

图 3-70　对齐方式

3.4.7　设置表格的边框

● 参照图 3-58，将表格的内侧框线设置为"虚线⸺⸺⸺⸺⸺"外侧框线设置为"双细线══════"。

① 选择整个表格。

② 单击"设计"选项卡"绘图边框"组中的"笔样式"按钮 ════ ，在弹出的下拉列表中选择"⸺⸺⸺⸺⸺"线型，如图 3-71 所示。

③ 单击"设计"选项卡"表格样式"组中的"边框"下拉按钮，在弹出的下拉列表中选择"内部框线"选项，如图 3-72 所示。

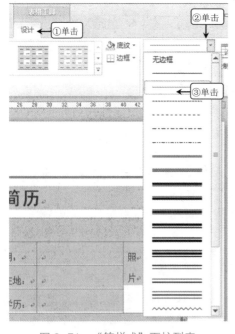

图 3-71　"笔样式"下拉列表

图 3-72　边框类型

④ 单击"设计"选项卡"绘图边框"组右下角的对话框启动器，弹出"边框和底纹"对话框。

⑤ 选择"边框"选项卡，在"设置"选项组中选择"自定义"选项；在"样式"列表中选择"双细线"选项，在"预览"区域，单击图示的上、下、左、右边框线或单击相应的 、 、 、 按钮，确认在"应用于"下拉列表中选择"表格"选项，如图 3-73 所示。

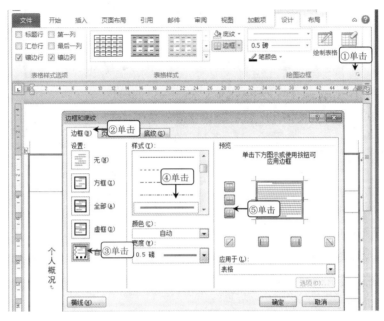

图 3-73　设置表格边框

☝技巧

表格边框可以通过"绘制表格"完成。选择需要设置边框的表格，单击"设计"选项卡"绘图边框"组中的"笔样式"按钮 ，在弹出的下拉列表中选择线型；在"绘图边框"组中单击"笔画粗细"按钮 ，在弹出的下拉列表中选择线条的宽度；在"绘图边框"组中单击"笔颜色"按钮 笔颜色 ，在弹出的下拉列表中选择线条的颜色；单击"设计"选项卡"表格样式"组中的"边框"下拉按钮 边框 ，在弹出的下拉列表中选择要设置格式的边框。

3.4.8　设置表格的底纹

● 为"照片"单元格添加底纹"白色，背景1，深色5%"。

① 选择"照片"单元格。

② 单击"设计"选项卡"绘图边框"组右下角的对话框启动器，弹出"边框和底纹"对话框。

③ 选择"底纹"选项卡。

④ 在"填充"下拉列表中选择填充颜色"白色，背景1，深色5%"，如图 3-74 所示。

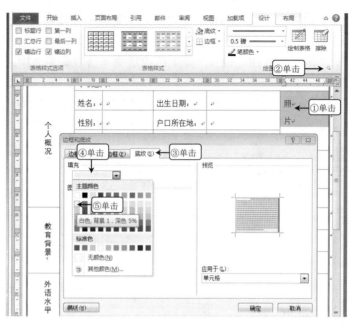

图 3-74　底纹设置

3.4.9　修改表格

● 在"外语水平"上添加一行"工作经验"，并删除"教育背景"中一行，使"教育背景"变成两行，最后调整格式效果。

① 将插入点置于"外语水平"单元格。

② 单击"布局"选项卡"行和列"组中的"在上方插入"按钮，插入一行，如图 3-75 所示。

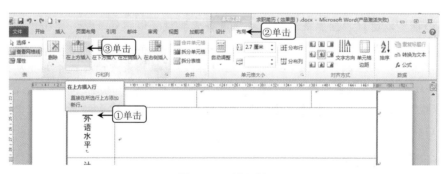

图 3-75　插入行

③ 将插入点置于"教育背景"栏右侧的空白单元格。

④ 单击"布局"选项卡"行和列"组中的"删除"按钮，在弹出的下拉列表中选择"删除行"选项，如图 3-76 所示。

　技巧

在单元格右击，在弹出的快捷菜单中选择"插入"命令可实现插入功能。

选定行或列后右击，在弹出的快捷菜单中可删除行或列。

图 3-76 删除行

✎说明

添加或删除单元格：创建表格后，发现表格中的单元格数量不够或者过多时，可以添加或删除单元格。

（1）添加单元格。

① 选择插入单元格的位置。选择的可以是一个单元格，也可以是多个单元格。选择一个单元格后进行插入操作，可插入一个单元格；选择多个单元格后进行插入操作，可插入和选择数量同样多的单元格。

② 右击，在弹出的快捷菜单中选择"插入|插入单元格"命令，弹出"插入单元格"对话框，如图 3-77 所示。

③ 选择插入类型即可。但是注意插入单元格后可能使表格变成不规范表格。

（2）删除单元格。

选择要删除的单元格，单击"布局"选项卡"行和列"组中的"删除"按钮，在弹出的下拉列表中选择"删除单元格"选项，弹出"删除单元格"对话框，选择删除类型即可，如图 3-78 所示。亦可通过右击在弹出的快捷菜单中选择"删除单元格"命令来实现。

图 3-77 "插入单元格"对话框

图 3-78 "删除单元格"对话框

任务 5 制作珠海旅游电子报

任务描述

本任务将制作一个珠海旅游电子小报，效果如图 3-79 所示。通过本任务主要介绍文本框、艺术字、图片、表格以及图文混排等内容。

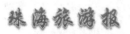

图 3-79 "珠海旅游报"效果

微 课

观看本任务微课视频
扫一扫二维码

任务分析

首先分析报纸的结构布局，再在提供的素材基础上进行文本框、艺术字、图片、表格以及图文混排等内容的编辑排版。

相关知识

1. 艺术字

在 Word 2010 中，艺术字是一种包含特殊效果的文本。可以利用这种修饰性文字，任意旋转角度、着色、拉伸或调整字间距，以达到最佳效果，让文档更加美观，更容易吸引眼球。

2. 文本框

在 Word 2010 中，使用文本框可以将文本放置在页面中的任意位置。文本框也属于一种图形对象，因此可以为文本框设置各种边框格式、选择填充色、添加阴影，也可以为放置在文本框内的文字设置字体格式和段落格式。

3. 环绕方式

Word 2010 中图形与文字的排列方式称为环绕方式，Word 提供了 7 种环绕方式，如表 3-4 所示，环绕方式的效果如图 3-80 所示。

表 3-4 7 种环绕方式说明

环 绕 方 式	说　　明
嵌入型	将图片直接放置在文本的插入点处，与文字位于同一个层次，被当作一个特殊的字符对待
四周型环绕	文字环绕在图片的四周，并在图片的周围留出一定的空间
紧密型环绕	文字环绕在图片的四周，图片四周被文字紧紧包围
衬于文字下方	图片在文字下方
浮于文字上方	图片在文字上方
穿越型环绕	与紧密型相似
上下型环绕	文字围绕在图片的上下方

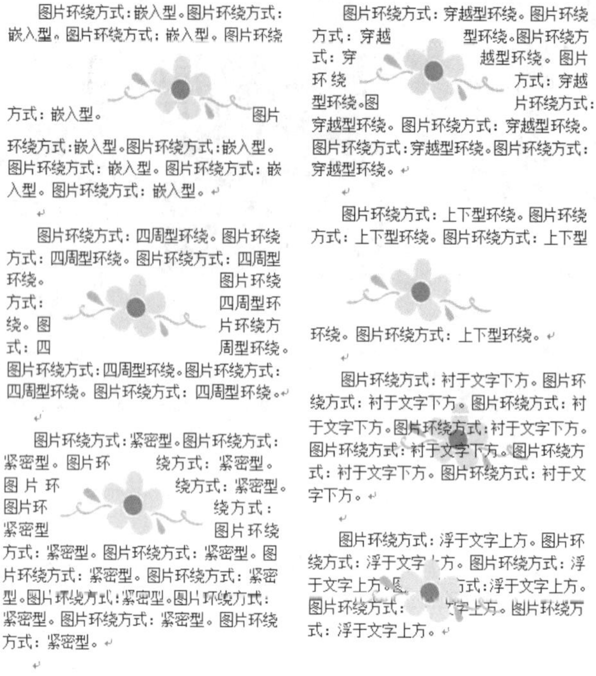

图片环绕方式：嵌入型。图片环绕方式：嵌入型。图片环绕方式：嵌入型。图片环绕

方式：嵌入型 图片

环绕方式：嵌入型。图片环绕方式：嵌入型。图片环绕方式：嵌入型。图片环绕方式：嵌入型。图片环绕方式：嵌入型。

图片环绕方式：穿越型环绕。图片环绕方式：穿越 越型环绕。图片环绕方式：穿越 型环绕。图片环绕方式：穿越型环绕。图片环绕方式：穿越型环绕。图片环绕方式：穿越型环绕。图片环绕方式：穿越型环绕。

图片环绕方式：四周型环绕。图片环绕方式：四周型环绕。图片环绕方式：四周型环绕。图 四周型环绕方式：四片环绕方式：四式：四周型环绕方。图片环绕方式：四周型环绕。图片环绕方式：四周型环绕。图片环绕方式：四周型环绕。

图片环绕方式：上下型环绕。图片环绕方式：上下型环绕。图片环绕方式：上下型

环绕。图片环绕方式：上下型环绕。

图片环绕方式：紧密型。图片环绕方式：紧密型。图片环 绕方式：紧密。图片环 绕方式：紧密型。图片环 绕方式：紧密型。图片环绕方式：紧密型。图片环绕方式：紧密型。图片环绕方式：紧密型。图片环绕方式：紧密型。图片环绕方式：紧密型。图片环绕方式：紧密型。图片环绕方式：紧密型。

图片环绕方式：衬于文字下方。图片环绕方式：衬于文字下方。图片环绕方式：衬于文字下方。图片环绕方式：衬于文字下方。图片环绕方式：衬于文字下方。图片环绕方式：衬于文字下方。

图片环绕方式：浮于文字上方。图片环绕方式：浮于文字上方。图片环绕方式：浮于文字上方。图片环绕方式：浮于文字上方。图片环绕方式：浮于文字上方。图片环绕方式：浮于文字上方。

图 3-80 图片环绕方式

4. 分栏

文档默认为一栏，但是杂志、报纸等会依据需要分成多栏，Word 可将整篇文档或部分文档分成多栏，不同栏可设置不同的宽度、间距，栏与栏之间可选择设置分割线。

任务实施

3.5.1 版面设置

● 参照图 3-79，设计小报的页眉。

① 新建一个 Word 文档，保存为"珠海旅游报.docx"，导入"第 3 章\任务 5 制作珠海旅游电子报\素材\文本.docx"文本，并将文字的字体设置为"华文新魏"。单击"插入"选项卡"页眉和页脚"组中的"页眉"按钮，在弹出的下拉列表中选择"空白（三栏）"选项。

② 删除页眉中左边默认文字"[键入文字]"，单击"插入"选项卡"插图"组中的"图片"按钮，在弹出的对选框中选择"素材\第 3 章 Word 文档处理\任务 5 制作珠海旅游电子报\素材\椰树.jpg"文件，单击"插入"按钮，关闭"插入图片"对话框，如图 3-81 所示。

③ 选择插入的"椰树"图片，在"格式"选项卡"大小"组中设置图片的大小，其参数如图 3-82 所示。

④ 在页眉中间默认文字"[键入文字]"处单击，并输入文字"旅游新闻"，单击"开始"选项卡"字体"组中的相应按钮，设置该文字字体为"黑体，二号，加粗"。在页眉右边默认文字"[键入文字]"处单击，输入文字"A 01 版"，并设置字体为"华文行楷，小三，倾斜"。

⑤ 选择页眉文字所在的段落，单击"页面布局"选项卡"页面背景"组中的"页面边

框"按钮。弹出"边框和底纹"对话框，切换到"边框"选项卡。在"设置"选项组中选择"自定义"选项；在"样式"列表中选择"双细线"选项；在"预览"区域，单击图示上的按钮；在"应用于"下拉列表中选择"段落"选项，如图 3-83 所示。

图 3-81　插入图片

图 3-82　修改图片大小

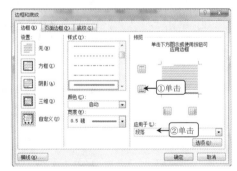

图 3-83　段落边框设置

⑥ 在"设计"选项卡"位置"组中，设置 4 个版面的页眉页脚位置（页眉顶端距离：1 厘米，页脚底端距离：0.5 厘米），如图 3-84 所示。

⑦ 将光标置于第二版的页眉处，单击"设计"选项卡"导航"组中的"链接到前一条页眉"按钮，页面右上角的"与上一节相同"字样消失，此时断开第 2 节与第 1 节的链接。按照要求修改第二版的页眉，效果如图 3-84 所示。

⑧ 参照以上步骤，设计第三版和第四版的页眉。

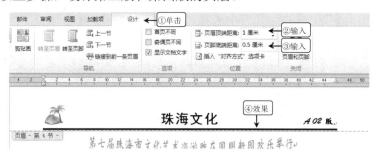

图 3-84　页眉页脚位置

✎说明

为实现最佳效果，请自行完成页面设置：页边距设置为"上 2 厘米；下 1 厘米；左右都是 2 厘米"；为小报增加 3 个空白版面；页眉顶端距离为"1 厘米"，页脚底端距离为"0.5厘米"。

☞技巧

图片的插入还可以通过"剪贴画"将 Word 2010 内部提供的剪辑库，包括 Web 元素、背景、标志、地点等，直接插入到文档中。

通过"插入"选项卡"插入"组中的"屏幕截图"可将屏幕截图插入到当前文档中。

3.5.2　设计报头

● 参照图 3-79，插入艺术字小报标题"珠海旅游报"，要求使用艺术字样式"填充-红色，强调文字颜色 2，粗糙棱台"，字体为"华文行楷，55 号"。并设置艺术字的环绕方式为"嵌入型"。

① 将光标置于第一版左上角小报标题的位置。

② 单击"插入"选项卡"文本"组中的"艺术字"按钮，在弹出的下拉列表中选择"填充-红色，强调文字颜色 2，粗糙棱台"样式，并输入艺术字"珠海旅游报"，如图 3-85 所示。

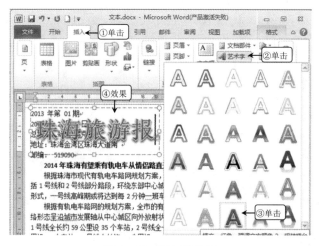

图 3-85　插入艺术字

③ 选择艺术字，单击"开始"选项卡"字体"组中的相应按钮，将艺术字设置为"华文行楷，55 号"。

④ 设置环绕方式：单击"格式"选项卡"排列"组中的"自动换行"按钮，在弹出的下拉列表中选择"嵌入型"选项，如图 3-86 所示。

图 3-86　艺术字环绕方式

● 参照图 3-79，在小报标题右边绘制文本框，制作报头。

① 单击"插入"选项卡"文本"组中的"文本框"按钮，从弹出的下拉列表中选择"绘制文本框"选项，按住鼠标左键拖动，绘制一个文本框。将报头文字复制到文本框中，如图 3-87 所示。

图 3-87　插入文本框

② 单击文本框边框选定，在"格式"选项卡"大小"组中，设置文本框的高度为"3.7厘米"，宽度为"6 厘米"；单击"格式"选项卡"形状样式"组中的"形状轮廓"按钮，在弹出的下拉列表中选择"无轮廓"选项；单击"格式"选项卡"排列"组中的"自动换行"按钮，在弹出的下拉列表中选择"嵌入型"选项，如图 3-88 所示。

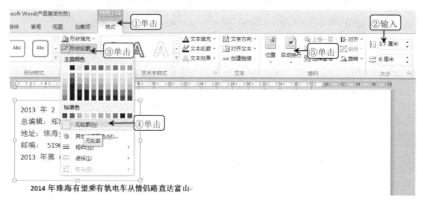

图 3-88　文本框设置

③ 将光标置于报头中要插入横线的位置，单击"页面布局"选项卡"页面背景"组中的"页面边框"按钮，弹出"边框和底纹"对话框，单击该对话框中的"横线"按钮，如图3-89 所示，弹出"横线"对话框，选择横线的样式，如图 3-90 所示。单击"确定"按钮。

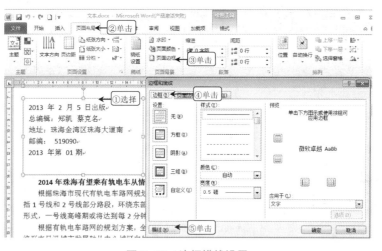

图 3-89　边框横线设置

图 3-90　"横线"对话框

④ 选择报头文本框所在的段落，再弹出"边框和底纹"对话框，切换到"边框"选项卡。在"设置"选项组中选择"自定义"选项；在"样式"列表中选择" --------- "线型；在"宽度"下拉列表中选择"1.5 磅 ——"选项；在"预览"区域，单击图示上的按钮；在"应用于"下拉列表中选择"段落"选项。

3.5.3　设计第一版

● 参照图 3-79，对文章"2014 年珠海……直达富山"进行排版，要求：文章的标题格式为"宋体，小三，加粗，段前距 1 行，段后距 0.5 行，居中"，颜色为"深蓝，文字 2，淡色 40%"。

① 在第一版第 1 段边框的下面双击，产生一个新的段落，并复制素材文字到小报中。

② 选择文章标题"2014 年珠海……直达富山"，将其设置为"宋体，小三，加粗，段前距 1 行，段后距 0.5 行，居中对齐"，颜色为"深蓝，文字 2，淡色 40%"。

● 参照图 3-79，在文章"2014 年珠海……直达富山"中插入图片文件"有轨电车.jpg"，并设置图片的高度为"7.6 厘米"，图片样式为"裁剪对角线，白色"，文字环绕为"紧密型环绕"。

① 将光标置于要放置图片的位置。

② 单击"插入"选项卡"插图"组中的"图片"按钮，在弹出的"插入图片"对话框中选择"有轨电车.jpg"文件，单击"插入"按钮。

③ 在"格式"选项卡"大小"组中，设置图片的高度为"7.6 厘米"。

④ 单击"格式"选项卡"图片样式"组中的"其他"按钮 ，在弹出的下拉列表中选择"裁剪对角线，白色"图片样式，如图 3-91 所示。

图 3-91　设置图片样式

⑤ 单击"格式"选项卡"排列"组中的"自动换行"按钮，在弹出的下拉列表中选择"紧密型环绕"选项。

● 参照图 3-79，将文章"2014 年珠海有望乘有轨电车从情侣路直达富山"分成两栏。

① 选择整篇文章。

② 单击"页面布局"选项卡"页面设置"组中的"分栏"按钮，弹出"分栏"对话框，如图 3-92 所示。

③ 选择"两栏"选项。

④ 在"宽度和间距"选项组中设置"间距"为"1.5 字符"。

⑤ 单击"确定"按钮完成设置。

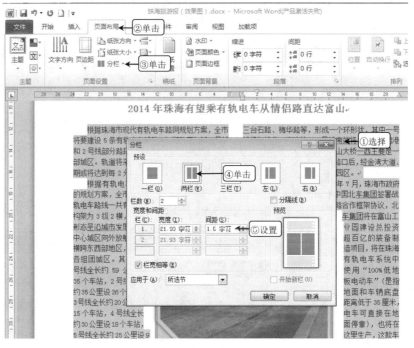

图 3-92　分栏设计

✍说明

"分栏"是"节"样式设置，分栏后分栏段落的前后会自动增加双线条的"分节符（连续）"，可通过单击"视图"选项卡"文档视图"组中的"草稿"按钮查看，如图 3-93 所示。

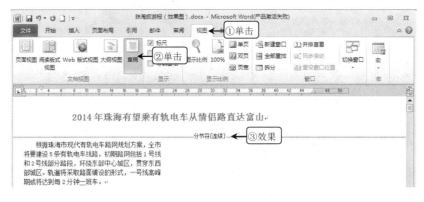

图 3-93　分节符（连续）

● 参照图 3-79，对文章"珠海公共自行车租用方法"进行排版，要求：文章的标题格式为"隶书，小三，加粗，居中"。并将该文章的正文置于一个文本框中，要求文本框轮廓颜色为"水绿色，强调文字颜色 5，深色 25%"；轮廓线型为"圆点"；轮廓粗细为"1.5 磅"；

高度为"4.4厘米"，宽度为"17厘米"；文字环绕为"嵌入型"。

① 复制文章"珠海公共自行车租用方法"到相应位置，并设置该标题的字体格式为"隶书，小三，加粗，居中"。

② 单击"插入"选项卡"插图"组中的"形状"按钮，在弹出的下拉列表中选择"星与旗帜"中的"五角星"形状，鼠标指针变成十字状，如图3-94所示。

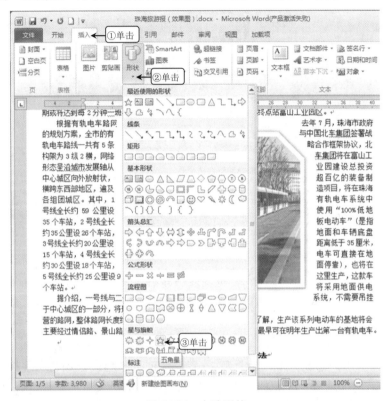

图3-94 自选形状

③ 将鼠标的十字形指针移到要绘制图形的位置，按住鼠标左键拖动到合适的大小，释放鼠标左键。单击"格式"选项卡"形状样式"组中的"其他"按钮，在弹出的下拉列表中选择"强烈效果-红色，强调颜色2"样式。复制一个同样的五角星放在另一边，效果如图3-95所示。

④ 单击"插入"选项卡"文本"组中的"文本框"按钮，从弹出的下拉列表中选择"绘制文本框"选项，绘制一个文本框。

图3-95 "五角星"效果

⑤ 单击"格式"选项卡"形状样式"组中的"形状轮廓"按钮，在弹出的下拉列表中选择相应选项，将文本框轮廓设置为"水绿色，强调文字颜色5，深色25%；圆点；1.5磅"，如图3-96所示。

⑥ 在"格式"选项卡"大小"组中设置文本框的高为"4.4厘米"，宽为"17厘米"。

⑦ 单击"格式"选项卡"排列"组中的"自动换行"按钮，从弹出的下拉列表中选择

"嵌入型"选项，将文本框的文字环绕设置为"嵌入型"。

⑧ 将文字素材复制到文本框中。

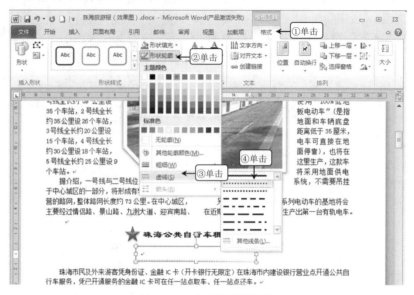

图 3-96　文本框边框设置

✐说明

绘制正方形：在"形状"下拉列表中选择"矩形"选项后，按住 Shift 键并拖动。

绘制圆形：选择"椭圆"选项后，按住 Shift 键并拖动。

3.5.4　设计第二版

● 参照图 3-79，排版文章"第七届……举行"，将标题设计成艺术字，要求使用"填充-蓝色，强调文字颜色 1，金属棱台，映像"艺术字样式；文字环绕为"嵌入型"；文本填充为"红色"，文字效果为"无棱台效果"；字体为"华文新魏，三号，居中"。

① 将光标置于第二版左上角位置。单击"插入"选项卡"文本"组中的"艺术字"按钮，在弹出的下拉列表中选择"填充-蓝色，强调文字颜色 1，金属棱台，映像"样式。并输入文字"第七届珠海市文化艺术巡游昨在圆明新园欢乐举行"。

② 选择艺术字，设置艺术字的文字环绕为"嵌入型"。

③ 单击"开始"选项卡"字体"组中的相应按钮，将艺术字设置为"华文新魏，三号，加粗，红色，居中"。

④ 单击"格式"选项卡"艺术字样式"组中的"文字效果"按钮，在弹出的下拉列表中选择"棱台|无棱台效果"选项，如图 3-97 所示。

● 参照图 3-79，在文章"第七届……举行"正文中插入图片文件"巡游.jpg"，并应用"映像圆角矩形"图片样式；设置图片高度为"5 厘米"；文字环绕为"紧密型环绕"。

① 复制文字素材到相应位置。

② 插入图片"巡游.jpg"。

③ 设置图片高度为"5 厘米"；文字环绕为"紧密型环绕"；并应用"映像圆角矩形"图片样式。

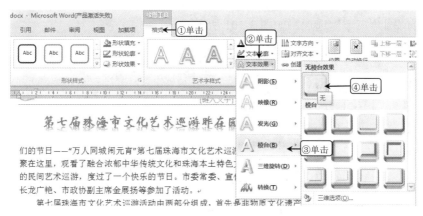

图 3-97　艺术字效果

● 参照图 3-79，设计一个表格，如图 3-98 所示。设置表格的宽度为"17 厘米"；文字环绕为"无"；对齐方式为"居中"对齐。

图 3-98　表格布局

① 插入一个 2 行 1 列的表格。

② 将光标置于第 2 行单元格中，单击"布局"选项卡"合并"组中的"拆分单元格"按钮，将该单元格拆分成 1 行 4 列。

③ 选择表格，单击"布局"选项卡"表"组中的"属性"按钮，弹出"表格属性"对话框。选中"指定高度"复选框，并在"指定高度"微调框中输入"17 厘米"。在"对齐方式"选项组中选择"居中"选项。在"文字环绕"选项组中选择"无"选项，如图 3-99 所示。

④ 将相应的素材复制到单元格中。

● 参照图 3-79，设置表格中第二行的上框线为"　　　　　　"样式，内部框线为"………………"；表格其他框线为"无框线"。

① 选择表格，单击"设计"选项卡"表格样式"组中的"边框"下拉按钮，在弹出的下拉列表中选择"无框线"选项。

② 选择表格的第二行，在"设计"选项卡"绘图边框"组中的设置如图 3-100 所示。

③ 单击"表格样式"组中的"边框"下拉按钮，在弹出的下拉列表中选择"上框线"选项。

④ 按照相同的方法，设置表格第二行的内部框线为………………效果。

● 参照图 3-79，将素材复制到相应的单元格中。插入图形，并插入文字"珠海地理"，字体格式为"华文行楷，一号，绿色，居中"；设置小标题"1、民居文化"、"2、民俗文化"等为"宋体，五号，加粗"，颜色根据效果图设置；在表格相应位置插入图片，并设置所有图片的高度为"2.8 厘米"。

① 将素材复制到对应单元格。

② 在第一行第一列单击"插入"选项卡"插图"组中的"形状"按钮，在弹出的下拉

列表中选择"圆角矩形"选项，如图 3-101 所示。

图 3-99　表格属性设置

图 3-100　边框设置

图 3-101　插入图形

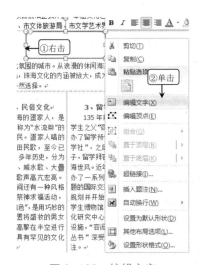

图 3-102　编辑文字

③ 绘制圆角矩形，在矩形框上右击，在弹出的快捷菜单中选择"编辑文字"命令，如图 3-102 所示，在文本框中将出现插入点，输入文字"珠海地理"并设置字体格式为"华文行楷，一号，绿色，居中"。

④ 选择文字图形，单击"格式"选项卡"形状样式"组右下角的对话框启动器，弹出"设置形状格式"对话框，选择"文本框"选项，将"文字版式"的"垂直对齐方式"设置为"中部对齐"，将"内部边距"的"上"、"下"均设置为"0.1 厘米"，如图 3-103 所示。

⑤ 设置文字环绕方式为"四周型"。

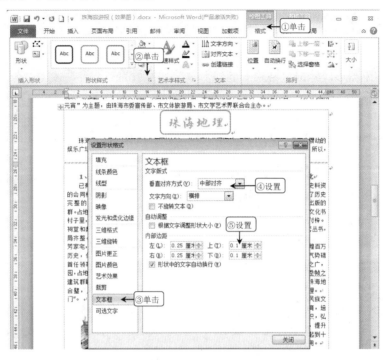

图 3-103　文本框设置

⑥ 对其他文字进行格式设置。

● 参照图 3-79，在"珠海地理"前后插入图形。

① 插入形状"六角形"，选择图形，设置样式为"细微效果 紫色 强调效果 4"，选择图形上的黄色点，按住鼠标左键拖动，改变形状；选择图形上的绿色点，按住鼠标左键旋转，改变图形的方向，如图 3-104 所示。

② 选择图形，按住 Ctrl 键同时按住鼠标左键拖动复制图形至 3 个。选择 3 个图形，单击"格式"选项卡"排列"组中的"对齐"按钮，在弹出的下拉列表中选择"横向分布"以及"顶端对齐"效果，如图 3-105 所示。

✍️说明

在对图形进行操作之前，首先选择图形，选择图形的方法有以下几种。

选择一个图形：单击该图形，此时图像周围出现句柄。

选择多个图形：按住 Shift 键，然后分别单击要选择的图形。如果选择的图形比较集中，可以将鼠标指针移到要选图形的左上角，按住鼠标左键向右下角拖动，拖动时会出现一个虚线方框，当把所有要选择的图形全部框住时，释放鼠标左键。

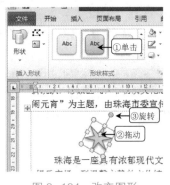

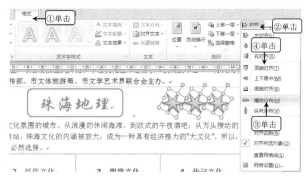

图 3-104　改变图形

图 3-105　图形对齐

③ 选择 3 个图形，单击"格式"选项卡"排列"组的"组合"按钮，在弹出的下拉列表中选择"组合"选项，如图 3-106 所示。

④ 选择组合图形，设置环绕方式为"四周型"，并复制图形放置文本框前后位置。

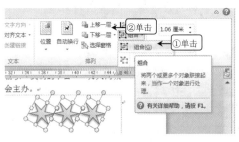

⑤ 选择组合图形，单击"上移一层"按钮直至图形位于最上层，并调整位置达到如图 3-79 所示的效果。

图 3-106　组合图形

✎说明

图形在文档中是叠放的，一个图形一层，"置于顶层"表示图形位于文档最上层，会将其他下层图形给遮盖。

调整图形叠放次序可选择图形图片后，通过单击"格式"选项卡"排列"组中的"上移一层"或"下移一层"按钮。或者单击"上移一层"或"下移一层"按钮右边的下拉按钮，在弹出的下拉列表中选择"置于顶层"、"置于底层"、"衬于文字下方"、"浮于文字上方"等相应选项。

● 参照图 3-79，自行完成第三、第四版，将"湾仔咸鱼"插入图片"咸鱼"后，去除图片背景。

① 插入图片。

② 选择图片，单击"图片工具|格式"选项卡"调整"组中的"删除背景"按钮，如图 3-107 所示。

③ 图片将显示紫色区域并显示控制点，紫色表示要删除的区域，拖动控制点调整删除的背景。

④ 在"背景消除"选项卡中依据需要，单击"标记要保留的区域"按钮，使用"+"线拖动鼠标对图片中需保留的区域进行标记，再单击"标记要删除的区域"按钮，使用"-"线拖动鼠标对图片中需删除的区域进行标记。

⑤ 单击"保留更改"按钮保存图片，其效果如图 3-109 所示。

⑥ 单击"图片工具|格式"选项卡"调整"组中的"颜色"下拉按钮，在弹出的下拉列表中选择"饱和度 200%"选项，如图 3-108 所示。

⑦ 单击"图片工具|格式"选项卡"调整"组中的"艺术效果"下拉按钮，在弹出的下拉列表中选择"标记"选项，如图 3-108 所示，其效果如图 3-109 所示。

图 3-107 删除背景

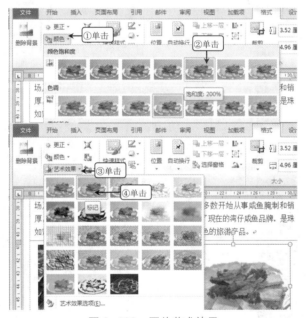

图 3-108 图片艺术效果

原图

删除背景图

图 3-109 图片效果

 任务 6　制作家庭报告书

任务描述

有时，用户需要处理一批信函、邮件、工资单或录取通知书等，它们之中都有一些相同的内容，但又存在着差异的部分，此时可以使用邮件合并来简化操作。下面是使用 Word 的邮件合并功能制作出的"家庭报告书"，如图 3-110 所示。

图 3-110　"家庭报告书"效果

任务分析

制作邮件合并可以减少大量的重复性劳动并避免错误，制作邮件合并，首先需要根据文件需求制作主文档和数据源，再利用 Word 2010 中的邮件合并工具将数据源中的数据合并到主文档中。

相关知识

1．邮件合并

邮件合并功能涉及 3 个文档：主文档、数据源和合并文档。

① 主文档：该文档包含的是合并文档中的固定内容，相当于一个模板。

② 数据源：该文档包含要合并到文档中的信息，这些信息一般存储在 Word、Excel 表格中。

③ 合并文档：是将主文档与数据源合并后得到的文档。

2．打印预览与输出

在进行文档打印之前，可以通过打印预览查看打印文档的效果，并可返回到文档的编辑状态继续编辑。

任务实施

3.6.1　打开数据源

● 打开数据源"成绩表.xlsx"，作为邮件合并的后台数据库。

① 打开主文档"第 3 章\任务 6　制作家庭报告书\素材\家庭报告书.docx"。

② 单击"邮件"选项卡"开始邮件合并"组中的"选择收件人"按钮，在弹出的下拉列表中选择"使用现有列表"选项，如图 3-111 所示。

✐说明

数据源文件存在可以"使用现有列表"，否则，在列表中选择"键入新列表"选项。

③ 弹出"选取数据源"对话框，找到并打开"成绩表.xlsx"，打开后弹出"选择表格"对话框，如图 3-112 所示，选择"各科成绩表$"表格，并单击"确定"按钮。

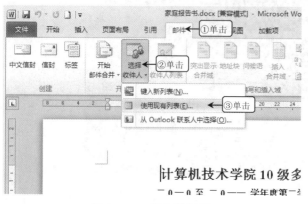

图 3-111　添加数据源　　　　　　　　　　图 3-112　选择数据源

3.6.2　插入数据

● 在主文档"家庭报告书.docx"中插入数据源的合并域。

① 将插入点定位到"_____学生家长："的横线上，单击"邮件"选项卡"编写和插入域"组中的"插入合并域"按钮，在弹出的下拉列表中选择"姓名"选项。此时在横线上就会插入域"《姓名》"，如图 3-113 所示。

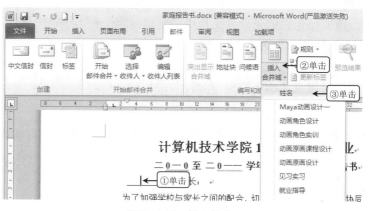

图 3-113　插入姓名

② 重复步骤①，在"家庭报告书"的对应位置插入其他科目成绩的域。

③ 将光标置于"下学期应缴学费____元"的横线上，输入"7500"。将光标置于"班主任签名："的后面输入"张燕"。

④ 将光标置于"该生获奖情况："的后面，单击"邮件"选项卡"编写和插入域"组中的"规则"按钮，在弹出的下拉列表中选择"如果…那么…否则"选项，如图 3-114 所示。弹出"插入 Word 域：IF"对话框，各项参数设置如图 3-115 所示。最后单击"确定"按钮。

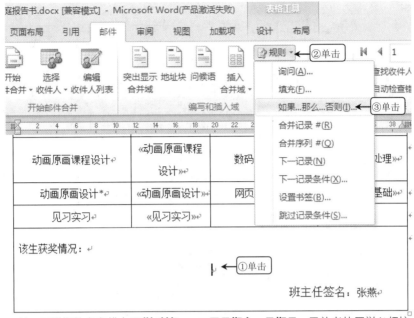

图 3-114 添加规则

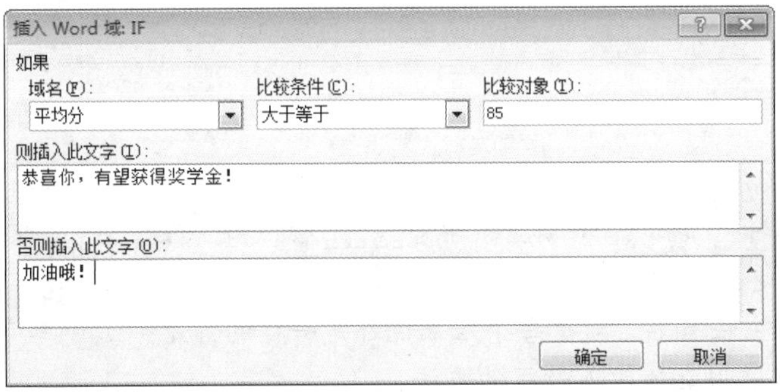

图 3-115 设置规则

3.6.3 合并数据

● 运用"合并数据",生成全班的"家庭报告书"。

① 单击"邮件"选项卡"预览结果"组中的"预览结果"按钮,这时"家庭报告书"的各个数据域显示出一条记录中的具体数据,如图 3-116 所示。单击"预览结果"组中的"上一记录"按钮◀,或"下一记录"按钮▶,可以查看其他记录的数据。

② 如图 3-116 所示,单击"邮件"选项卡"完成"组中的"完成并合并"按钮,在弹出的下拉列表中选择"编辑单个文档"选项,弹出"合并到新文档"对话框,选中"全部"单选按钮,单击"确定"按钮,如图 3-117 所示。

③ Word 开始合并数据,并产生包括全部记录在内的新文档,系统自动命名为"信函1"。浏览新文档,可以看到共生成了 63 页。

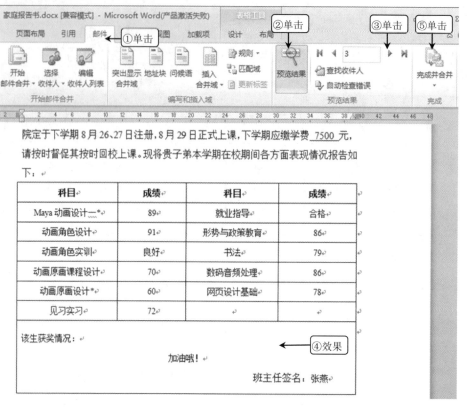

图 3-116　预览结果

📝**说明**

　　在"家庭报告书"的"下学期应缴学费_____元"和"班主任签名："位置处，不能采用插入域的方法来获取数据，因为"学费"和"班主任签名"对于每个人来说都是一样的，是不变的数据，只需采用直接输入数据的方法。

图 3-117　合并到新文档

3.6.4　打印预览与打印

　　在进行文档打印之前，可以使用"打印预览"功能查看打印文档的效果，当用户不满意时，可返回到文档的编辑状态继续编辑。

● 预览"家庭报告书"效果，并打印文档的第 2 页、第 8～13 页以及第 17 页。

　　① 单击快速访问工具栏右侧的下拉按钮，在弹出的"自定义快速访问工具栏"中选择"打印预览和打印"选项，即可将"打印预览和打印"按钮添加至快速访问工具栏，如图 3-118 所示。

　　② 在快速访问工具栏中直接单击"打印预览"按钮，即可显示打印设置界面，如图 3-119 所示。该面板划分为两部分，左侧用于设置打印选项，右侧为当前文档的预览视图。

　　③ 根据需要单击"缩小"按钮或"放大"按钮，即可对文档预览窗口进行缩放查看。当用户需要关闭打印预览时，只需单击其他选项卡，即可返回文档编辑模式。

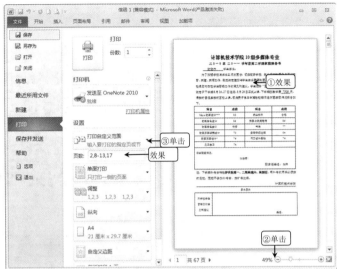

图 3-118　自定义快速访问工具栏　　　　　　图 3-119　打印设置界面

④ 单击"设置"选项组中的"打印所有页"下拉按钮，在弹出的如图 3-120 所示的列表中选择"打印自定义范围"选项。

⑤ 在"页数"文本框中输入"2，8-13，17"，数字之间以逗号隔开，效果如图 3-119 所示。单击"打印"按钮开始打印当前文档。

✎说明

文档可以不预览直接打印，通过单击"文件"选项卡中的"打印"按钮，打开打印设置面板进行打印设置。

✋技巧

打印面板可对打印属性进行设置。

"单面设置"可改为"手动双面打印"，可双面打印文档。

"调整"可设置文档打印多份时是按顺序打印一份后再打印下一份。单击改为"取消排序"，则是打印完多份第 1 页后再打印第 2 页，以此类推。

图 3-120　打印页码设置

"纵向"打印纸张为纵向，也可以改为"横向"。

任务 7　审阅文档

任务描述

很多时候文档撰写完成后需要进一步的修订，如提供给他人讨论修改，出版编辑更需

115

要对文章的结构、内容、语法等进行仔细的修改。"Internet 前景预测.doc"一文已经撰写完成，需要对它进行修改审阅。

任务分析

利用 Word 的相关工具能便捷有效地进行审阅工作，包括检查拼写和语法错误，添加批注以及修改意见，同时对于修改意见有记录，可以让原作者确定是否接受修改。亦可通过文档结构图有效地查看文档的结构。

相关知识

1．批注

批注是文档的审阅者为文档添加的注释、说明、建议、意见等信息。修订是直接对文档内容进行修改，但改动的同时自动做出特殊标记，可以让其他人清楚文档的哪些内容是修改过的。

添加批注的对象可以是文本、表格或图片等文档内的所有内容。

2．查看批注和修订

Word 2010 为方便审阅者或用户的操作，提供了多种查看及显示批注和修订状态的功能，批注和修订的显示方式有以下 3 种。

"仅在批注框中显示批注和格式"：以批注框的形式显示批注，以嵌入的形式显示修订。

"以嵌入方式显示所有修订"：将批注和修订嵌入到文档中，批注只显示修订人和修订号，将鼠标指针放上去会显示具体的批注内容。

"在批注框中显示修订"：批注和修订都以批注框的形式显示。

3．错误处理

Word 2010 中提供了错误处理的功能，可以帮助用户发现文档中的错误并给予建议。

输入文本时，很难保证输入文本的拼写和语法都完全正确，要是有一个"助手"在一旁时刻提醒，就可以减少错误。Word 2010 中的拼写和语法检查功能就是这样的助手，它能在输入时提醒输入的错误，并提出修改的意见。

在输入文本时，如果输入了错误的或者不可识别的单词，Word 2010 就会在该单词下用红色波浪线进行标记；如果是语法错误，在出现错误的部分就会用绿色波浪线进行标记。

4．自动拼写和语法检查

如果输入了一段有语法错误的文字，在出错的单词的下面就会出现绿色波浪线。

如果输入了一个有拼写错误的单词，在出错的单词的下方会出现红色波浪线。

5．文档结构图

文档结构图在文档中一个单独的窗格中显示文档标题，可使文档结构一目了然，可以通过按照标题、页面或通过搜索文本或对象来进行导航。

任务实施

3.7.1　批注

● 打开文档"Internet 前景预测"，审阅文档内容，添加批注："1.4 安全与信任危机"将"信任危机"添加批注"公信力危机"。

① 打开文档"第 3 章\任务 7 审阅文档\素材\Internet 前景预测.docx"。

② 选中需要添加批注的对象"信任危机"，单击"审阅"选项卡"批注"组中的"新建批注"按钮。选择文字的底纹已经填充成红色，并且被一对括号括了起来，旁边标示着"批注"的内容。

③ 在红色框中的"批注："后面写上批注内容"公信力危机"，然后在文档任意位置单击，即可完成添加批注操作，如图 3-121 所示，单击"保存"按钮，即可保存文档中添加的批注。

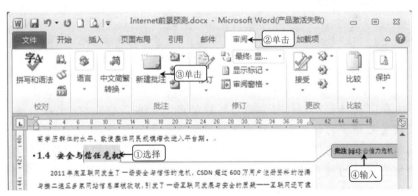

图 3-121　输入批注的内容

⚘技巧

（1）编辑批注。

如果对批注的内容不满意，还可以进行修改。在已经添加了批注的对象上单击，此时光标在批注框内闪烁，即可进行修改。

（2）删除批注。

选择一个需要删除的批注，单击"批注"组中的"删除"按钮，即可将选择的批注删除。

用户还可以在需要删除的批注上右击，在弹出的快捷菜单中选择"删除批注"命令，也可以删除选择的批注。

3.7.2　修订文档

● 修订文档内容："1.4 安全与信任危机"段落中，删除"引发了对互联网安全的质疑"，修改为"引发了一场互联网发展与安全的质疑——互联网还可靠吗？"。并在"1.3 中国网民规模增长进入平台期"中删除"网民规模增长"。

① 单击"审阅"选项卡"修订"组中的"修订"按钮，可使文档处于修订状态下。

② 在修订状态中，删除"引发了对互联网安全的质疑"，修改为"引发了一场互联网发展与安全的质疑——互联网还可靠吗？"。所有对文档的操作都将被记录下来，如图3-122所示。这样就能快速地查看文档中的修改情况，单击"保存"按钮，即可保存对文档的修订。

③ 单击"更改"组中的"接受"下拉按钮，在弹出的下拉列表中选择"接受对文档的所有修订"选项，即可接受文档中所有修订过的内容。

图3-122　修订文档

♂技巧

将光标放在需要接受修订的对象前，然后单击"审阅"选项卡"更改"组中的"接受"按钮，即可接受文档中的修订，此时系统将确认下一条修订。

将光标放在需要拒绝修订的对象前，然后单击"更改"组中的"拒绝"按钮，或将光标放在需要接受修订的对象处，然后右击，在弹出的快捷菜单中选择"拒绝修订"命令，也可以拒绝文档中的修订，此时系统将确认下一条修订。

单击"更改"组中的"拒绝"下拉按钮，在弹出的下拉列表中选择"拒绝对文档的所有修订"选项，即可拒绝文档中所有修订过的内容。

3.7.3　查看批注和修订

● 将当前如图3-122所示的批注显示方式由"在批注框中显示修订"改为"以嵌入方式显示所有修订"。

① 单击"审阅"选项卡"修订"组中的"显示标记"按钮，在弹出的下拉列表中选择

"批注框" | "以嵌入方式显示所有修订"选项，如图 3-123 所示。

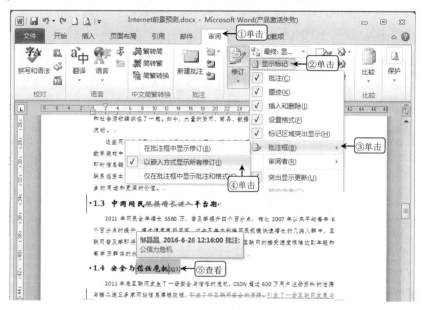

图 3-123　查看批注方式

② 鼠标指针在修改内容上悬停，显示更多信息。

◇技巧

默认情况下，Word 2010 是显示批注的，可以通过单击"审阅"选项卡"批注"组中的"上一条"或"下一条"按钮，浏览批注。

当用户需要有选择地显示批注时，可以在"审阅"选项卡"修订"组中的"显示标记"下拉列表中选择相应的选项。如不需要显示针对格式所做的修订，取消选中"设置格式"复选框即可。

✐说明

如果想查看修订前或修订后的文档，在"审阅"选项卡"修订"组中的"显示以供审阅"下拉列表中选择"原始状态"或"最终状态"选项即可。

"显示以供审阅"下拉列表中几个选项的含义说明如下。

"最终：显示标记"：显示最终文档及其中所有的修订和批注。这是 Word 中的默认显示方式。

"最终状态"：显示的文档包含了合并到文本中的所有更改，但不显示批注和修订。

"原始：显示标记"：显示带有修订和批注的原始文档。

"原始状态"：显示未修订前的原始文档，不显示修订和批注。

3.7.4　设置自动拼写与语法检查

● 为及时检查错误，在 Word 2010 中设置自动拼写与语法检查。

① 单击"文件"选项卡的"选项"按钮，弹出"Word 选项"对话框。

② 在"Word 选项"对话框的左侧列表中选择"校对"选项，然后在"在 Word 中更正拼写和语法时"选项组中选中"键入时检查拼写"、"键入时标记语法错误"和"随拼写检查语法"等复选框，如图 3-124 所示。

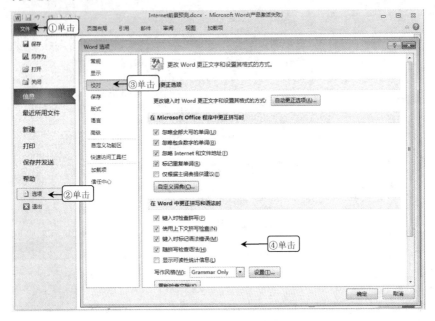

图 3-124　　"校对"选项

✎说明

"Word 选项"对话框中，在"例外项"下拉列表中可以选择要隐藏拼写错误和语法错误的文档。在其下方选中"只隐藏此文档中的拼写错误"和"只隐藏此文档中的语法错误"两个复选框，那么在对文档进行拼写和语法检查后，标示拼写和语法错误的波浪线就不会显示。

3.7.5　自动拼写和语法检查功能的用法

● 利用 Word 的拼写和语法功能检查文档错误。

① 单击"审阅"选项卡"校对"组中的"拼写和语法"按钮，弹出"拼写和语法"对话框，"不在词典中"列表中列出了 Word 认为错误的单词，下面的"建议"列表中则列出了修改建议，如图 3-125 所示。

② 用户可以从"建议"列表中选择需要替换的单词，然后单击"更改"按钮。如果用户认为没有必要修改，则可单击"忽略一次"或"全部忽略"按钮。

③ 完成所选内容的拼写和语法检查后，会弹出提示对话框，单击"确定"按钮就可以关闭该对话框。

✎技巧

如果输入了一段有语法错误的文字，在出错的单词的下面就会出现绿色波浪线，在其上右击会弹出一个快捷菜单，如图 3-126 所示，如果选择"忽略一次"命令，Word 2010

就会忽略这个错误，错误语句下方的绿色波浪线就会消失。

如果要忽略所有的语法错误，可以单击"审阅"选项卡"校对"组中的"拼写和语法"按钮，弹出"拼写和语法"对话框，从中单击"全部忽略"按钮，就会忽略所有的这类错误，此时错误语句下方的绿色波浪线就会消失。

如果输入了一个有拼写错误的单词，在出错的单词的下方会出现红色波浪线，在其上右击，在弹出的快捷菜单的顶部会提示拼写正确的单词，选择正确的单词替换错误的单词后，错误单词下方的红色波浪线就会消失。

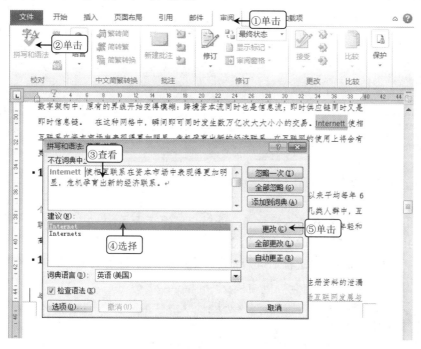

图 3-125　拼写和语法检查

✎说明

在 Word 2010 中，除了使用拼写和语法检查功能之外，还可以使用自动更正功能来检查和更正错误的输入。例如，输入"today"和一个空格或按 Enter 键，则会自动更正为"Today"。如果用户输入"This is theh ouse"和一个空格，则会自动更正将其替换为"This is the house"。用户还可以按照以下方法对文档进行自动更正的设置，其具体操作步骤如下。

① 单击"文件"选项卡中的"选项"按钮，弹出"Word 选项"对话框。

② 选择左侧列表中的"校对"选项，在右侧单击"自动更正选项"按钮。

③ 弹出"自动更正"对话框，可以在"自动更正"、"数学符号自动更正"、"键入时自动套用格式"、"自动套用格式"和"操作"等选项卡进行相应设置，如图 3-127 所示。

④ 完成设置后单击"确定"按钮，返回到"Word 选项"对话框，单击"确定"按钮，即可返回文档编辑模式。以后再编辑时，就会按照用户所设置的内容自动地更正错误。

图 3-126　"忽略一次"命令

图 3-127　"自动更正"对话框

3.7.6　使用文档结构图

● 使用文档结构图查看文章的结构，并对内容进行审阅。

① 选中"视图"选项卡"显示"组中的"导航窗格"复选框。

② 选中"导航窗格"复选框后即可显示文档结构图。这时文档窗口被分为两个部分，文档结构图位于左边，文档内容位于右边，如图 3-128 所示。

③ 单击左边文档结构图中的某一级别的标题，在右边的文档中就会显示所对应的内容，查找起来十分方便。

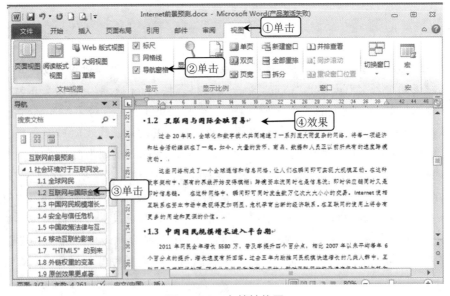

图 3-128　文档结构图

任务 8　任务体验

1．任务

（1）利用 Office.com 模板，创建"中秋节贺卡.docx"文档。

（2）制作一份旅游宣传手册，介绍你的家乡，包括地理、历史、人文、特色等，设计旅游线路，使用表格详细介绍日程安排，并制作一个宣传海报。

2．目标

（1）掌握文档的编辑、Word 文件基本处理方法。

（2）掌握长文档的编辑处理。

（3）掌握表格的应用。

（4）掌握图文混排的方法。

3．思路

（1）任务 1。

① 从 Office.com 上下载"中秋节贺卡"模板。

② 利用下载的模板新建演示文稿。

③ 将新建的文档修改后保存到文档中，保存文件名为"XXX 的中秋节贺卡.docx"。

④ 为"XXX 的中秋节贺卡.docx"文档添加密码。

（2）任务 2。

① 利用网络下载相关图文资源。

② 自行编辑文档，使用样式确定文档的层次结构以及字体、段落格式；利用页眉页脚设置页码，提示文档章节；利用审阅工具检查基本的语法和拼写错误。

③ 利用表格制作旅游行程安排。

④ 利用图文混排的方式制作宣传海报。

⑤ 保存为".docx"文档，打印。另保存为".html"格式便于网上浏览。

第4章　Excel 2010 电子表格处理

任务 1　制作通讯录

任务描述

本任务将制作一个"通讯录"，效果如图 4-1 所示。通过该任务，介绍 Excel 2010 中工作簿、工作表和单元格的基本操作以及数据输入等内容。

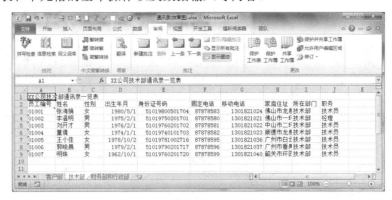

图 4-1　"通讯录"效果

微课

观看本任务微课视频
扫一扫二维码

任务分析

要完成该任务，需要先新建一个空白工作簿，然后输入和编辑数据，涉及的知识点包括不同类型数据的输入，工作表的复制、移动、保护，以及数据有效性等操作。

相关知识

1. 工作簿、工作表、单元格

在 Excel 2010 中，工作簿是一个扩展名为.xlsx 的文件，是存储数据的三维实体，由一系列工作表组成。

工作表是工作簿的基本组成单位，是工作簿中的一页，是一张由行和列组成的二维表格，通常一张工作表中存放的是逻辑上相关的一批数据。

单元格是工作表的基本组成单位，是行与列的交汇点。

2. Excel 的数据类型

Excel 2010 最常用的数据类型有数值、文本、日期/时间和逻辑 4 种类型，其特点和用法如表 4-1 所示。

表 4-1　Excel 2010 数据类型

类　　型	特　　点	举　　例
数值	①由数字 0~9 及字符+、-、E、e、￥、$、%、.组成。 ②在单元格中默认靠右对齐。 ③当数字超长时，自动转为浮点数表示	123 674.56 -3.45 5.6e+04 $40 6.4%
文本	①由汉字、字母、数字、空格以及其他键盘字符组成。 ②在单元格中默认靠左对齐。	Excel 2010 45634
日期/时间	①按数字处理。 ②按内置格式显示	2016-7-2 2016/8/3 2017-4-1 17:30:16
逻辑	用逻辑常数 TRUE 和 FALSE 表示条件的成立与否	3>6→FALSE 3<6→TRUE

3．数据有效性

数据有效性是对单元格或单元格区域输入的数据从内容到数量上的限制。对于符合条件的数据，允许输入；对于不符合条件的数据，则禁止输入。这样就可以依靠 Excel 检查数据的正确有效性，避免错误的数据录入。

任务实施

4.1.1 启动和退出 Excel 2010

（1）Excel 2010 的启动。

启动 Excel 2010 的方法通常有以下几种。

① 单击"开始"菜单，选择"所有程序|Microsoft Office|Microsoft Excel 2010"命令，启动 Excel 2010。

② 双击桌面上的 Excel 2010 图标，启动 Excel 2010。

③ 双击计算机中已经存在的 Excel 2010 文件，启动 Excel 2010。

● 启动 Excel 2010。

步骤略。

（2）Excel 2010 的退出。

启动 Excel 2010 的方法通常有以下几种。

① 单击标题栏右侧的"关闭"按钮。

② 双击标题栏左侧的控制菜单图标。

③ 按 Alt+F4 组合键。

● 退出 Excel 2010。

步骤略。

（3）Excel 2010 的窗口界面。

Excel 2010 工作界面与 Word 2010 工作界面有很多共同之处，如图 4-2 所示。下面仅介绍其不同之处。

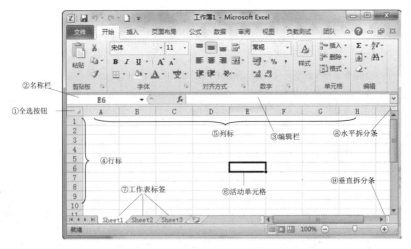

图 4-2 Excel 2010 工作界面

① 全选按钮：在左上角的矩形区域，单击它则可以选中当前工作表中的所有单元格。

② 名称栏：显示当前活动单元格的地址或名称，如图 4-2 名称栏中的 "E6"；或者显示当前选中区域的行列数或名称，如图 4-3 所示。

③ 编辑栏：用来显示或编辑当前单元格中的数据或公式等。

④ 行标：用数字表示。列标和行标一起用来表示单元格的地址。

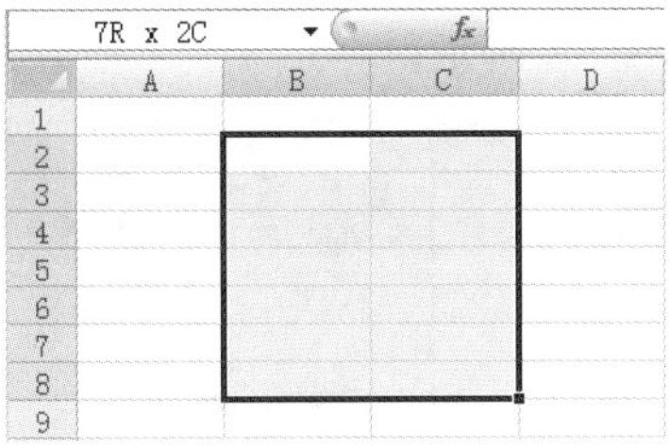

图 4-3 区域

⑤ 列标：用字母表示。

⑥ 活动单元格：当前正在编辑的单元格。

⑦ 工作表标签：即工作簿底端的标签，用于显示工作表的名称，在工作簿窗口中，单击某个工作表标签，则该工作表称为当前工作表，可以对它进行编辑。当工作表过多，可以单击导航按钮  ，来显示各个工作表。

⑧ 拆分条，分水平拆分条和垂直拆分条，拖动拆分条可以将窗口拆分成 4 个部分，要取消拆分，则在拆分线上双击。

4.1.2 建立、打开与保存工作簿

（1）工作簿的建立。

使用 Excel 2010 工作之前，首先要创建一个工作簿。

在启动 Excel 2010 时，系统会自动新建一个 Excel 2010 文件，默认名称为 "工作簿 1.xlsx"。

● 创建一个工作簿。

启动 Excel 2010 后，单击快速访问工具栏中的 "新建" 按钮，创建一个新的工作簿。

✎说明

除上述新建工作簿的方法外，使用 Ctrl＋N 组合键也可以新建一个新的空白工作簿。

（2）工作簿的打开。

打开工作簿的常用方法有以下 4 种。

① 找到文件在资源管理器中的位置，选中 Excel 2010 文件并双击，即可打开工作簿文件。

② 启动 Excel 2010 软件，单击 "文件" 选项卡中的 "打开" 按钮，在弹出的 "打开" 对话框中找到文件所在的位置，选中文件，然后单击 "打开" 按钮，即可打开已有的工作簿。

③ 单击快速访问工具栏中的 "打开" 按钮 。

④ 使用 Ctrl＋O 组合键。

（3）工作簿的保存。

在编辑完工作簿时，应保存工作簿。

● 将新建的工作簿保存为 "通讯录.xlsx"。

127

① 单击快速访问工具栏中的"保存"按钮，系统自动弹出"另存为"对话框，如图 4-4 所示。

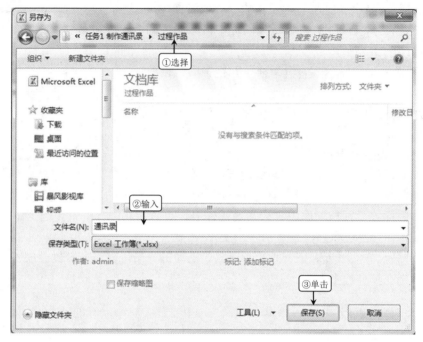

图 4-4　"另存为"对话框

② 在"地址栏"列表中，选择文件的保存位置。

③ 在"文件名"文本框中输入文件名称。

④ 最后单击"保存"按钮，此时 Excel 2010 工作簿就永久性地保存到硬盘中。

🖊说明

在"另存为"对话框中的"保存类型"下拉列表中提供了许多文件的不同格式，一般用默认保存类型".xlsx"即可；如果保存的文件希望在 Excel 2003 中打开，应选择"Excel 97-Excel 2003 工作簿"文件类型；如果工作簿中使用了宏，可以选择"Excel 启用宏的工作簿"文件类型。

👌技巧

在保存工作簿的同时，还可以设置文件的保存密码，以防止其他用户在没有密码的情况下打开或修改工作簿，起到加强工作簿安全性的作用，其密码设置方法如下。

① 在"另存为"对话框的左下角单击"工具"按钮，在弹出的下拉列表中选择"常规选项"选项。

② 弹出"常规选项"对话框，在"打开权限密码"文本框中输入"123"，在"修改权限密码"文本框中输入"abc"，单击"确定"按钮，如图 4-5 所示。

③ 至此，加密保存就完成了，下次打开该文档时，需要输入打开该文件的密码"123"，否则将不能打开该文件。如果需要编辑该文件，还需要输入修改密码"abc"，否则，修改的内容无法保存到该文件内。

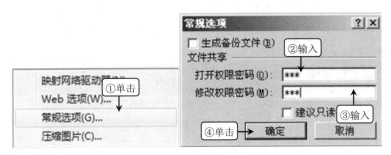

图 4-5　设置文件保存密码

4.1.3　工作表的基本操作

（1）创建、移动、复制和删除工作表。

一个工作簿默认情况下包含 3 个名称为 Sheet1、Sheet2 和 Sheet3 的工作表，也可以通过其他方式创建新的工作表。

● 在"通讯录.xlsx"工作簿中再创建一个新的工作表 Sheet4。

单击"开始"选项卡"单元格"组中的"插入"下拉按钮 ，在弹出的下拉列表中选择"插入工作表"选项，如图 4-6 所示，即可在当前工作表的前面插入一个名为 Sheet4 的工作表。

✎说明

除上述插入新工作表的方法外，还有以下方法。

① 右击 Sheet1 工作表标签，在弹出的快捷菜单中选择"插入"命令，弹出"插入"对话框，选择"工作表"选项，如图 4-7 所示，单击"确定"按钮，即可在 Sheet1 工作表前面插入工作表 Sheet4。

图 4-6　插入工作表　　　　　　　　　　图 4-7　插入工作表

② 按 Shift+F11 组合键也可以插入一个新工作表。

● 分别将"财务部和行政部（素材）.xlsx"、"客户部（素材）.xlsx"、"生产部（素材）.xlsx"工作簿中的工作表复制到"通讯录.xlsx"工作簿中。

① 打开"财务部和行政部（素材）.xlsx"工作簿。

② 右击"财务部和行政部"工作表标签，在弹出的快捷菜单中选择"复制或移动"命令，弹出"移动或复制工作表"对话框，如图 4-8 所示。

129

图 4-8　"移动或复制工作表"对话框

③ 在"将选定工作表移至工作簿"下拉列表中选择"通讯录.xlsx"选项；在"下列选定工作表之前"列表中选择"Sheet1"选项；选中"建立副本"复选框，如图 4-8 所示。

④ 最后单击"确定"按钮，完成工作表的复制操作。

⑤ 按照相同的方法，将另两个工作簿中的工作表也复制到"通讯录.xlsx"工作簿中。

✎说明

如果在"移动或复制工作表"对话框中，没有选中"建立副本"复选框，则是移动工作表操作。

如果在同一个工作簿中移动工作表，可以使用鼠标直接拖动。选择要移动的工作表的标签，按住鼠标左键不放，拖动工作表到新位置，拖动过程中会显示一个黑色倒三角形标志，这个三角标志随鼠标指针移动，并指示工作表移动后的目标位置，确认新位置后松开鼠标左键，工作表即被移动到新的位置，如图 4-9 所示。

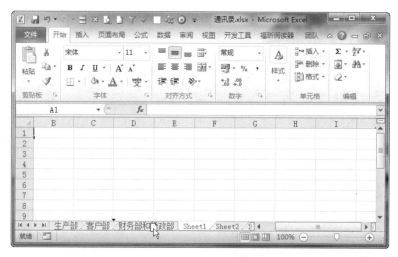

图 4-9　鼠标拖动移动工作表

如果在同一个工作簿中复制工作表，按住 Ctrl 键，再拖动工作表到目标位置即可。

● 删除 Sheet2、Sheet3、Sheet4 工作表。

① 在 Sheet2 工作表标签上右击，在弹出的快捷菜单中选择"删除"命令即可。

② 按照相同的方法，将 Sheet3 和 Sheet4 工作表删除。

✎说明

如果删除空白的工作表，则可以直接删除；如果工作表中有数据，删除时会弹出一个警告，单击"删除"按钮，数据将会丢失且不可恢复。

（2）重命名工作表。

● 将 Sheet1 工作表重命名为"技术部"。

双击 Sheet1 工作表标签，使其呈可编辑状态，输入工作表名称"技术部"。

✐说明

重命名工作表也可以右击要修改名称的工作表标签，在弹出的快捷菜单中选择"重命名"命令，使名称呈可编辑状态，输入新的工作表名称即可。

（3）工作表的保护、隐藏和显示。

● 为"技术部"工作表设置"保护工作表"，其密码为"123"。

① 右击"技术部"工作表标签，在弹出的快捷菜单中选择"保护工作表"命令，弹出"保护工作表"对话框，如图 4-10 所示。

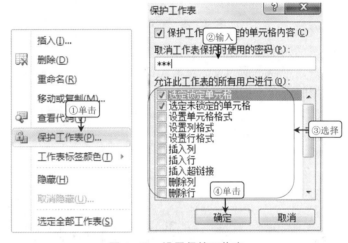

图 4-10　设置保护工作表

② 在"取消工作表保护时使用的密码"文本框中输入密码"123"，在"允许此工作表的所有用户进行"列表中设置要保护的选项。

③ 单击"确定"按钮，弹出"确认密码"对话框，再次输入相同的密码，单击"确定"按钮即可将工作表保护起来。

上述操作，在"保护工作表"对话框中，没有选中"设置单元格格式"复选框，因此在"技术部"工作表中如果没有输入工作表保护密码将不能进行单元格格式的设置操作。

✐说明

如果要撤销工作表的保护，在已保护的工作表标签上右击，在弹出的快捷菜单中选择"撤销工作表保护"命令，弹出"撤销工作表保护"对话框，在"密码"文本框中输入密码，单击"确定"按钮即可，如图 4-11 所示。

✐技巧

如果不想让别人查看工作表，可以将工作表隐藏起来。其方法是：右击工作表标签，在弹出的快捷菜单中选择"隐藏"命令即可；反之，若想取消对工作表的隐藏，可在任一工作表标签上右击，在弹出的快捷菜单中选择"取消隐藏"命令，弹出"取消隐藏"对话框，如图 4-12 所示，在该对话框中选择要取消隐藏的工作表，单击"确定"按钮即可。

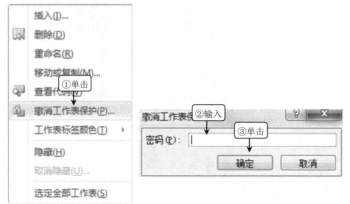

图 4-11　撤销工作表保护　　　　　　　　　　图 4-12　"取消隐藏"对话框

（4）拆分和冻结窗口。

拖动窗口中垂直滚动条上方的水平拆分条，可以将窗口分为上下两部分；拖动水平滚动条右侧的垂直拆分条，可以将窗口分为左右两部分。通过拆分窗口可以显示当前工作表的不同位置，方便数据的查看，如图 4-13 所示。

图 4-13　拆分窗口

对于比较复杂的大型表格，常常超过一个屏幕显示，需要在滚动浏览表格时固定显示标题行（或标题列），那么就可以通过冻结标题行（标题列）来解决这个问题。

● 将"生产部"工作表中的标题行冻结。

① 选择"生产部"工作表，单击"视图"选项卡"窗口"组中的"冻结窗格"按钮。

② 弹出下拉列表，如图 4-14 所示。

③ 选择"冻结首行"选项。此时"生产部"工作表

图 4-14　"冻结窗格"下拉列表

的第一行被冻结，当滚动垂直滚动条时，第一行数据将不会被窗口覆盖。

如果选择"冻结拆分窗格"选项，将冻结活动单元格上方所有行和左侧所有列；选择"冻结首列"选项，将冻结工作表的第一列。

4.1.4　输入数据

Excel 2010 提供了 12 种数据类型（常规、数值、货币、分数、文本、时间、日期等），最常用的是文本、数值、时间、日期、逻辑类型的数据。输入数据包括基本输入数据和自动填充数据。

● 撤销"技术部"工作表保护，然后在相应单元格中输入工作表的标题"XX 公司技术部通讯录一览表"和列标题"员工编号"、"姓名"等内容，如图 4-15 所示。

	A	B	C	D	E	F	G	H	I	J	K
1	XX公司技术部通讯录一览表										
2	员工编号	姓名	性别	出生年月	身份证号码	固定电话	移动电话	家庭住址	所在部门	职务	
3											
4											
5											
6											
7											
8											
9											

客户部 ╱ 技术部 ╱ 财务部和行政部 ╱ ╱

图 4-15　输入文本

① 撤销"技术部"工作表保护。

② 在"技术部"工作表中，选择 A1 单元格，输入标题"XX 公司技术部通讯录一览表"，按 Enter 键。

③ 在 A2 单元格中，输入"员工编号"，按向右方向键→或 Tab 键，使 B2 单元格成为当前单元格，输入"姓名"。

④ 用相同的方式依次输入其他列标题。

以上输入的为文本型数据，默认情况下，文本型数据左对齐显示。

● 参考"技术部通讯录（素材）.docx"文件，输入"员工编号"、"身份证号码"、"固定电话"、"移动电话"列数据。

① 单击 A3 单元格，输入"01001"按 Enter 键后，单元格中的内容变为"1001"，这是因为默认情况下 Excel 将数字显示为数值，所以前面的"0"被忽略了，其正确输入方式为：先输入西文单引号"'"，然后输入员工编号"01001"。

② 将鼠标指针指向 A3 单元格的填充柄（位于单元格右下角的小黑块），此时鼠标指针变为黑十字，按住鼠标左键向下拖动填充柄，拖动至目标单元格时释放鼠标左键，如图 4-16 所示。

③ 单击 E3 单元格，输入身份证号"51019800501704"，结果显示为"5.102E+13"，这是因为 Excel 将身份证号码显示为数值，而超过 11 位的数值以科学计数法显示。处理方法为将数字变为文本型数据，即在身份证号前加上西文"'"；或者先选择 E3 单元格，然后单击"开始"选项卡"数字"组右下角的对话框启动器，打开"设置单元格格式"对话框，在"数字"选项卡的"分类"列表中，选择"文本"选项，单击"确定"按钮，将单元格的格

133

式设置为"文本"类型。

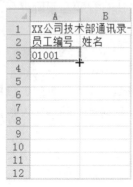

图 4-16　用填充柄填充数据

在实际工作中，像"员工编号"、"身份证号码"、"电话号码"、"邮政编码"等数字信息并不需要参与数学运算，但又需要将所有数字显示出来，对于这类数字，以"文本"类型对待。

④ 用相同的方式输入"身份证号码"、"固定电话"、"移动电话"列中的其他数据。

● 输入"姓名"、"家庭住址"、"所在部门"、"职务"列数据。

步骤略。

● 输入"出生日期"列数据。

① 选择 D3 单元格，输入"1980/5/1"或"1980-5-1"。

② 用相同的方式输入其他日期数据。

输入日期/时间型数据，当输入日期时，用"-"或"/"分隔日期的年、月、日部分。例如，输入"2016-8-3"或"2016/8/3"表示 2016 年 8 月 3 日；当输入时间时，应使用"："来分隔时、分、秒。如果按 12 小时制输入时间，则应在时间数字后空一格，输入字母 a（上午）和 p（下午），如 9:15:20 p。如果要快速地输入当前的日期，按 Ctrl+；键，如果要输入当前的时间按 Ctrl+Shift+；键。

✎说明

在输入数据时，有时会输入重复或者有规律的数据，这种情况下可以使用 Excel 提供的便利输入数据。

① 输入重复数据：先在单元格中输入 1 个数据，然后拖动该单元格的填充柄，这时 Excel 复制刚输入的数据。

② 输入等差数列：在两个相邻单元格中输入等差数列的两个数值，选择这两个单元格作为当前区域，拖动填充柄，此时 Excel 按照前两个数值的差自动填充其余单元格；此外，还可以单击"开始"选项卡"编辑"组中的"填充"按钮▤▾，在弹出的下拉列表中选择"系列"选项，弹出"序列"对话框，在该对话框中选择相应的选项及输入相应的参数来完成数据输入，如图 4-17 所示。

③ 自定义填充序列：如果要经常用到一个序列，但这个序列又不是系统自带的可扩展序列，用户可以把该序列自定义为自动填充序列。方法如下。

● 单击"文件"选项卡中的"选项"按钮，弹出"Excel 选项"对话框，选择"高级"选项，在"常规"选项组中单击"编辑自定义列表"按钮，弹出"自定义列表"对话框，如图4-18所示，在右侧的"输入序列"列表中输入自定义的序列。

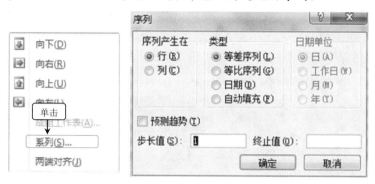

图 4-17　自动填充

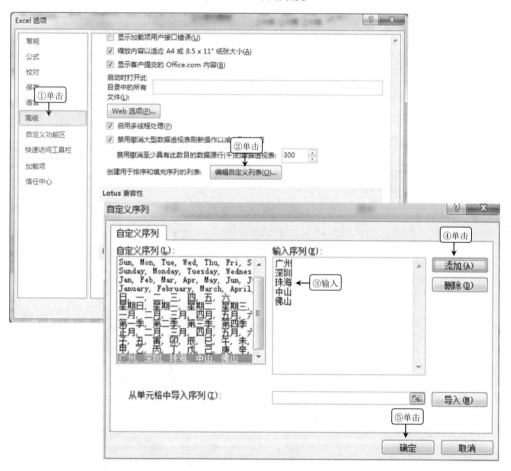

图 4-18　自定义填充序列

● 单击"添加"按钮，单击"确定"按钮。下次再输入该序列时，只需要输入序列中的第一个数据，然后拖动填充柄即可输入序列中的其他数据。

4.1.5　设置数据的有效性

● **输入"性别"列数据。**

① 选择 C3:C9 单元格区域，单击"数据"选项卡"数据工具"组中的"数据有效性"下拉按钮，从弹出的下拉列表中选择"数据有效性"选项。

② 弹出"数据有效性"对话框，在"设置"选项卡"允许"下拉列表中选择"序列"选项，在"来源"文本框中输入"男，女"（"，"为西文半角状态），如图 4-19 所示。

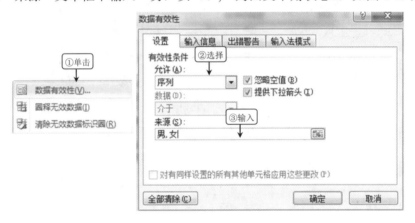

图 4-19 设置数据有效性

③ 切换到"输入信息"选项卡，在"标题"文本框中输入"提示"。在"输入信息"文本框中输入"此处输入的是性别"，这样在选择此单元格时会弹出提示信息，如图 4-20 所示。

④ 切换到"出错警告"选项卡，在"样式"下拉列表中选择"停止"选项，在"标题"文本框中输入"出错"，在"错误信息"文本框中输入"此处应为男或女"，如图 4-21 所示。

图 4-20　设置数据有效性输入信息设置　　　图 4-21　设置数据有效性出错警告信息

⑤ 选择 C3 单元格，在弹出的下拉列表中选择"女"选项，如图 4-22 所示。

⑥ 按照相同方法，输入"性别"列的其他数据。

4.1.6 备注

● 为 A3 单元格添加备注，备注内容为 "2016.7.8-2017.7.8 出国深造"。

① 选择 A3 单元格。

② 单击"审阅"选项卡"批注"组中的"新建批注"按钮。

③ 打开批注框，输入批注内容"2016.7.8-2017.7.8 出国深造"，在批注框以外的任意位置单击，结束批注的插入操作。

④ 保存工作簿"通讯录.xlsx"。

图 4-22 输入"性别"列数据

插入批注以后 A3 单元格右上角出现一块红色小三角，当鼠标指针指向该单元格时，批注内容就会显示出来，鼠标指针离开，批注框立即隐藏。

若要删除批注或编辑批注内容，同样单击"审阅"选项卡"批注"组中的"编辑批注"或"删除"按钮。

任务 2 美化通讯录

任务描述

该任务是格式化"通讯录.xlsx"工作簿，主要是根据需要对现有的工作簿进行美化，使之更加美观，任务最终效果如图 4-23 所示。

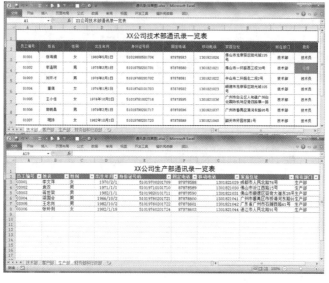

图 4-23 "通讯录.xlsx"效果

图 4-23　"通讯录.xlsx"效果（续）

任务分析

要完成该任务，需要首先对工作表标题所在区域进行合并，然后设置数据区域的字体、对齐方式、数字类型、边框等；要想快速为数据区域应用样式还可以使用 Excel 自带的数据表样式和单元格样式；为突出显示满足某些特定条件的数据，可以使用 Excel 提供的条件格式功能。

相关知识

条件格式是指为满足特定条件的数据设置醒目的格式。

任务实施

4.2.1　合并单元格

● 为"通讯录（素材）.xlsx"工作簿中的每个工作表添加标题"XX 公司 XX 部通讯录一览表"。

① 打开"通讯录（素材）.xlsx"工作簿。

② 单击"技术部"工作表标签，按住 Shift 键，再单击"财务部和行政部"工作表标签，同时选择"通讯录（素材）.xlsx"工作簿中的 4 个工作表。

同时选择多个工作表，下面的操作对被选择的所有工作表均有影响。

③ 右击"技术部"工作表中的第 1 行，从弹出的快捷菜单中选择"插入"命令，在第 1 行前面插入一个新的空白行。

④ 在 A1 单元格中输入"XX 公司 XX 部通讯录一览表"内容。

⑤ 选择 A1:J1 单元格区域，然后单击"开始"选项卡"对齐方式"组中的"合并后居中"按钮，使 A1:J1 单元格区域合并为一个单元格，单元格中的内容居中显示。

⑥ 单击任一工作表标签，取消多个单元格的选择。可以看到对每个工作表的标题均做了相应修改。

⑦ 最后，对每个工作表中的标题内容分别做相应修改。

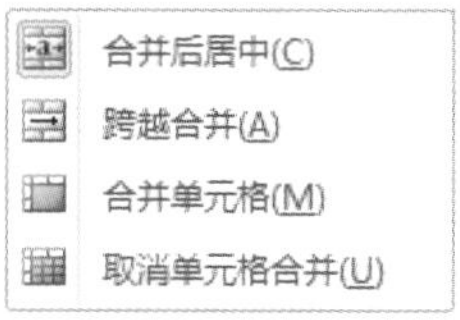

✐说明

单击"合并后居中"下拉按钮，弹出下拉列表，如图 4-24 所示。

① 合并后居中：将选取的单元格区域合并为一个单元格后，合并后单元格内容为合并前左上角单元格的内容，且居中显示。

图 4-24　下拉列表

② 跨越合并：将选取的单元格区域按行合并（列不合并），合并后单元格内容为合并前第 1 列单元格中的内容，且居中显示。

③ 合并单元格：将选取的单元格区域合并为一个单元格，合并后单元格内容为合并前左上角单元格的内容，但单元格中的内容不居中显示。

④ 取消单元格合并：将合并的单元格恢复到合并前的状态。

4.2.2　设置字体格式

● 将"技术部"和"客户部"两个工作表标题的字体格式设置为"黑体，18 号"；数据区域的字号为"10 号"；表头区域的字体颜色为标准色"白色"，底纹颜色为标准色"紫色"。

① 同时选择"技术部"和"客户部"两个工作表。

② 单击 A1 单元格，设置标题的字体格式为"黑体，18 号"。

③ 选择 A2:J9 单元格区域，设置字号为"10 号"。

④ 选择 A2:J2 单元格区域，设置字体颜色为标准色"白色"，然后单击"开始"选项卡"字体"组中的"填充颜色"下拉按钮，在弹出的下拉列表中设置底纹颜色为标准色"紫色"。

4.2.3　调整行高和列宽

● 在"技术部"和"客户部"两个工作表中，设置标题所在行的行高为"30（40 像素）"；

第2～9行的行高为"28（37像素）"。

① 同时选择"技术部"和"客户部"两个工作表。

② 选择第1行，单击"开始"选项卡"单元格"组中的"格式"按钮，从弹出的下拉列表中选择"行高"选项，弹出"行高"对话框，在文本框中输入 "30"，单击"确定"按钮，即可设置行高，在第1行的下边框线上按住鼠标左键，显示出第1行的高度值30（40像素）。

③ 按照相同的方式，设置第2～9行的行高为"28（37像素）"。

● 在"技术部"和"客户部"两个工作表中，设置A、B、C、I、J列的列宽为"10（85像素）"；设置D、F、G列的列宽为"13（109像素）"；设置E、H列的列宽为"20（165像素）"。

① 同时选择"技术部"和"客户部"两个工作表。

② 再同时选择A、B、C、I、J列，移动鼠标指针到任一列的右边框上，当鼠标指针变成 ✛ 形状时，按住鼠标左键拖动，同时鼠标指针上方会显示相应的数值，如图4-25所示，当数值变为10（85像素）时，停止拖动即可。

③ 按照相同的方式，调整其他列的列宽。

图 4-25　调整列宽

4.2.4　设置数据类型和对齐方式

● 在"技术部"和"客户部"两个工作表中，设置"出生日期"列的数据类型为"长日期"。

① 同时选择"技术部"和"客户部"两个工作表。

② 选择 D3:D9 单元格区域，单击"开始"选项卡"数字"组的"数字格式"下拉按钮，从弹出的下拉列表中选择"长日期"选项。

✎说明

要设置单元格或单元格区域的数据类型，可以在"开始"选项卡"数字"组中进行如下操作，如图4-26所示。

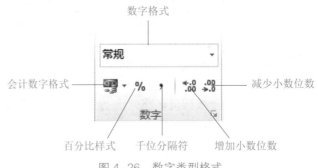

图 4-26　数字类型格式

① 单击"数字格式"下拉按钮，从弹出的下拉列表中选择所需要的数据类型。

② 单击"会计数字格式"下拉按钮，选择所需货币格式，将数据显示为会计数字样式。

③ 单击"百分比样式"按钮，将数据显示为百分比样式。

④ 单击"千位分隔符"按钮，将数据显示为千位分隔符样式。

⑤ 单击"增加小数位数"按钮，将以较高精度显示数据。

⑥ 单击"减少小数位数"按钮，将以较低精度显示数据。

● 在"技术部"和"客户部"两个工作表中，设置 A、B、C、D、E、F、G、I、J 列的数据水平和垂直对齐方式均为"居中"对齐，设置 H 列的水平方向为"左对齐"，垂直方向为"垂直居中"对齐；设置 H 列的文本为"自动换行"显示。

① 同时选择"技术部"和"客户部"两个工作表。

② 再同时选择 A、B、C、D、E、F、G、I、J 列，然后分别单击"开始"选项卡"对齐方式"组中的"垂直居中"按钮和"居中"按钮。

③ 按照相同的方式设置 H 列的对齐方式。

④ 选择 H 列，单击"对齐方式"组中的"自动换行"按钮，可将 H 列超出单元格宽度的数据换行显示。

技巧

一般情况下，当输入的数据超出了当前单元格的宽度，看上去就会像占据了后面的单元格，如果后面的单元格有数据，那么当前单元格的数据会被部分隐藏。为了使数据能够完全显示，可以使用"自动换行"功能，让超出单元格宽度的数据显示在下一行。

"自动换行"并不是真正意义上的换行，当前单元格中的数据会随着单元格的宽度而显示。要实现真正意义上的换行可以在输入数据时通过按 Alt+Enter 组合键，使已输入的内容在光标处换行。

4.2.5 设置边框

● 在"技术部"和"客户部"两个工作表中，设置表格的外边框为粗线，内边框为虚线。

① 同时选择"技术部"和"客户部"两个工作表。

② 选择 A1:J9 单元格区域，单击"开始"选项卡"字体"组右下角的对话框启动器，弹出"设置单元格格式"对话框，切换到"边框"选项卡，如图 4-27 所示。

③ 在"线条"选项组中选择线条样式⋯⋯⋯⋯⋯⋯，在"预置"选项组中选择边框的"内部"样式；在"线条"选项组中选择线条样式————，在"预置"选项组中选择边框的"外边框"样式，在"边框"区域预览效果，单击"确定"按钮，完成边框设置。

说明

在"设置单元格格式"对话框中，不仅可以设置单元格区域数据的边框，还可以设置数据类型、对齐方式、字体和填充颜色等。

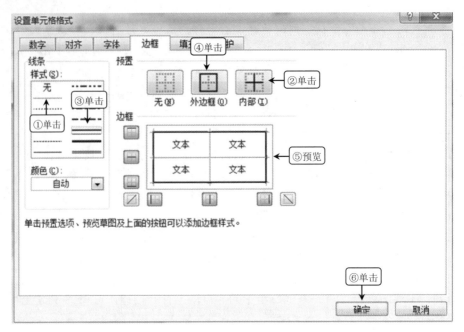

图 4-27　设置边框

4.2.6　自动套用表格样式和单元格样式

● 将"技术部"工作表中标题的格式粘贴到"生产部"工作表的标题上。

① 单击"技术部"工作表的 A1 单元格，使其成为当前单元格。

② 按 Ctrl+C 组合键，复制 A1 单元格。

③ 再右击 "生产部"工作表的 A1 单元格，在弹出的快捷菜单中选择"粘贴选项|格式"命令，将复制到的格式粘贴到目标单元格。

④ 调整"生产部"工作表中标题行的行高。

✎说明

对于复杂数据的复制，可以使用选择性粘贴进行有选择地复制。在选择性粘贴时，除使用右键快捷菜单"粘贴选项"中的命令外，还可以使用右键快捷菜单中"选择性粘贴"子菜单中的更多命令。

● 在"生产部"工作表中，设置数据区域套用表格样式"表样式浅色 10"。

① 选择"生产部"工作表。

② 选择 A2:J8 单元格区域，单击"开始"选项卡"样式"组中的"套用表格样式"按钮，从弹出的列表中选择"浅色|表样式浅色 10"样式。

✎说明

套用表格样式，可以快速地使选定区域应用 Excel 提供的工作表格式。

● 在"财务部和行政部"工作表中，设置标题套用"标题"单元格样式；设置表头使用"标题 3"单元格样式；设置数据区域使用"20%-强调文字颜色 1"。

① 选择"财务部和行政部"工作表。

② 选择 A1 单元格，单击"开始"选项卡"样式"组中的"单元格样式"按钮，在弹

出的下拉列表中选择"标题|标题"选项。

③ 选择 A2:J2 单元格区域，在"单元格样式"下拉列表中选择"标题|标题 3"选项。

④ 选择 A3:J7 单元格区域，在"单元格样式"下拉列表中选择"主题单元格样式|20%-强调文字颜色 1"选项。

4.2.7　设置条件格式

当处理大量数据时，有时希望某些符合特定条件的数据能醒目的显示出来，以方便人们查看，此时就可以使用 Excel 提供的"条件格式"功能。

● 在"技术部"工作表中，设置"职务"为"经理"的单元格底纹为"红色"，字体为"黄色"。

① 选择"技术部"工作表。

② 选择 J3:J9 单元格区域，单击"开始"选项卡"样式"组中的"条件格式"按钮，从弹出的下拉列表中选择"新建规则"选项，弹出"新建格式规则"对话框。

③ 在"选择规则类型"列表中选择"只为包含以下内容的单元格设置格式"选项。

④ "编辑规则说明"的参数设置如图 4-28 所示。单击"格式"按钮，设置单元格底纹为"红色"，字体为"黄色"。

⑤ 单击"确定"按钮，完成条件格式设置。

⑥ 将"通讯录（素材）.xlsx"工作簿另存为"通讯录.xlsx"。

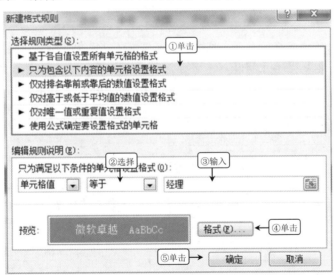

图 4-28　"新建格式规则"对话框

✎说明

Excel 2010 增强了条件格式的功能，提供了大量直接可用的内置条件格式选项。例如，在图 4-29 中，突出显示分数高于 90 分的单元格，设置步骤如下。

① 选择 B2:F11 单元格区域。

② 单击"开始"选项卡"样式"组中的"条件格式"按钮，弹出"条件格式"下拉列表，如图 4-30 所示。

	A	B	C	D	E	F
1	姓名	程序设计	大学英语	应用数学	计算机技术	网页设计
2	周 升	66	73	78	77	86
3	梁杰强	63	83	87	80	90
4	郭文杰	67	67	73	74	91
5	李斯达	73	85	80	81	90
6	吴 源	70	88	85	80	94
7	周 英	82	92	90	79	92
8	黄汉源	75	74	96	84	98
9	郭富娇	95	85	91	85	96
10	曾 杰	66	78	76	79	88
11	黄 健	83	54	98	83	93

图 4-29　学生成绩

图 4-30　"条件格式"下拉列表

③ 选择"突出显示单元格规则|大于"选项，弹出"大于"对话框，如图 4-31 所示。

图 4-31　"大于"对话框

④ 在"设置为"组合框中，选择一种格式应用到满足条件的单元格中，可以看到 B2:F11 单元格区域已经呈现填充后的效果，单击"确定"按钮应用条件格式。效果如图 4-32 所示。

除了上面这种以填充单元格底纹来显示满足条件的数据外，条件格式还有其他很多类型，如以数据条的长度来表示单元格中数据的大小，如图 4-33 所示。

	A	B	C	D	E	F
1	姓名	程序设计	大学英语	应用数学	计算机技术	网页设计
2	周 升	66	73	78	77	86
3	梁杰强	63	83	87	80	90
4	郭文杰	67	67	73	74	91
5	李斯达	73	85	80	81	90
6	吴 源	70	88	85	80	94
7	周 英	82	92	90	79	92
8	黄汉源	75	74	96	84	98
9	郭富娇	95	85	91	85	96
10	曾 杰	66	78	76	79	88
11	黄 健	83	54	98	83	93

图 4-32　应用条件格式

分店 月份	一分店	二分店	三分店	四分店
一月份	13102	18567	24586	15962
二月份	12365	16452	25698	15896
三月份	12845	20145	31243	18521
四月份	18265	19876	15230	20420
五月份	16326	12989	15896	25390

图 4-33　使用数据条表示数据的大小

如果内置的条件格式不能满足需要，可以修改内置条件格式规则或新建规则。在图 4-30 中，选择"新建规则"选项，弹出"新建格式规则"对话框，如图 4-34 所示。

在"选择规则类型"列表中选择一种条件格式类型；在"编辑规则说明"选项组中设置条件格式选项。

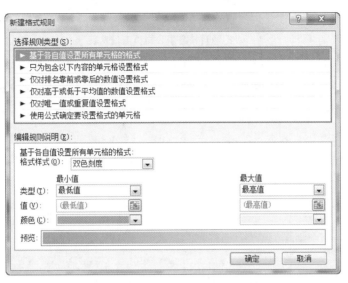

图 4-34 "新建格式规则"对话框

要取消条件格式，选择使用了条件格式的数据区域，然后选择图 4-30 中的"清除规则"中的相应子选项即可。

任务 3 制作工资表

任务描述

本任务主要是通过 Excel 自带的计算功能，计算出每个员工的相应数据，如工龄、奖金、应发工资、实发工资等各项数据，效果如图 4-35～4-39 所示。

	员工考勤表								奖金统计表	
员工编号	迟到(次数)	早退(次数)	加班天数	请假天数	奖金	名次		最高奖金额	¥ 3,800.00
001	2	1	5	0	¥ 2,200.00	11		最低奖金额	¥ -500.00
002	1	1	6	0	¥ 2,800.00	3		总奖金额	¥40,700.00
003	1	1	2	2	¥ 700.00	22		平均奖金额	¥ 1,271.88
004	0	0	0	0	¥ -	23			
005	1	1	5	0	¥ 2,300.00	7			
006	2	3	0	0	¥ -500.00	32			
007	0	1	0	0	¥ -100.00	24			
008	1	2	0	2	¥ -400.00	30			
009	1	1	8	0	¥ 3,800.00	1			
010	1	1	0	0	¥ -200.00	26			

图 4-35 "一月份奖金表"效果

145

	员工编号	姓名	性别	部门	职务	学历	工作日期	工龄（年）
1	汇通科技有限公司员工信息表							
3	001	周明	男	办公室	总经理	研究生	2002/6/5	14
4	002	李青	男	销售部	经理	本科	2002/8/1	14
5	003	孙英楠	女	办公室	文员	大专	2011/6/1	5
6	004	张蒙	男	开发部	总工程师	研究生	2009/5/8	7
7	005	付翔	男	销售部	销售员	大专	2012/6/9	4
8	006	黄蕾蕾	女	办公室	文员	大专	2011/3/10	5
9	007	董一鸣	男	销售部	销售员	大专	2010/2/11	6
10	008	周丽丽	女	客服部	文员	中专	2008/9/12	8
11	009	吴青	男	开发部	经理	博士	2009/3/13	7
12	010	王春晓	女	销售部	销售员	大专	2009/6/14	7

图 4-36 "员工信息表"效果

	员工编号	姓名	性别	部门	职位	工龄（年）	工龄工资	职位工资	奖金	应发工资
1	汇通科技有限公司应发工资总表									
3	001	周明	男	办公室	总经理	14	¥ 2,500.00	¥ 10,000.00	¥ 2,200.00	¥ 14,700.00
4	002	李青	男	销售部	经理	14	¥ 2,500.00	¥ 8,500.00	¥ 2,800.00	¥ 13,800.00
5	003	孙英楠	女	办公室	文员	5	¥ 1,700.00	¥ 5,300.00	¥ 700.00	¥ 7,700.00
6	004	张蒙	男	开发部	总工程师	7	¥ 2,000.00	¥ 8,000.00	¥ －	¥ 10,000.00
7	005	付翔	男	销售部	销售员	4	¥ 1,700.00	¥ 5,500.00	¥ 2,300.00	¥ 9,500.00
8	006	黄蕾蕾	女	办公室	文员	5	¥ 1,700.00	¥ 5,300.00	¥ -500.00	¥ 6,500.00
9	007	董一鸣	男	销售部	销售员	6	¥ 2,000.00	¥ 5,500.00	¥ -100.00	¥ 7,400.00
10	008	周丽丽	女	客服部	文员	8	¥ 2,000.00	¥ 5,300.00	¥ -400.00	¥ 6,900.00
11	009	吴青	男	开发部	经理	7	¥ 2,000.00	¥ 8,500.00	¥ 3,800.00	¥ 14,300.00
12	010	王春晓	女	销售部	销售员	7	¥ 2,000.00	¥ 5,500.00	¥ -200.00	¥ 7,300.00

图 4-37 "一月份应发工资表"效果

	员工编号	姓名	性别	部门	应发工资	养老保险	医疗保险	失业保险	住房公积金	应纳税额	个税	实发工资
1	汇通科技有限公司实发工资总表											
3	001	周明	男	办公室	¥ 14,700.00	¥ 1,000.00	¥ 250.00	¥ 125.00	¥ 1,250.00	¥ 8,575.00	¥ 1,160.00	¥ 13,540.00
4	002	李青	男	销售部	¥ 13,800.00	¥ 880.00	¥ 220.00	¥ 110.00	¥ 1,100.00	¥ 7,990.00	¥ 1,043.00	¥ 12,757.00
5	003	孙英楠	女	办公室	¥ 7,700.00	¥ 560.00	¥ 140.00	¥ 70.00	¥ 700.00	¥ 2,730.00	¥ 168.00	¥ 7,532.00
6	004	张蒙	男	开发部	¥ 10,000.00	¥ 800.00	¥ 200.00	¥ 100.00	¥ 1,000.00	¥ 4,400.00	¥ 335.00	¥ 9,665.00
7	005	付翔	男	销售部	¥ 9,500.00	¥ 576.00	¥ 144.00	¥ 72.00	¥ 720.00	¥ 4,488.00	¥ 343.80	¥ 9,156.20
8	006	黄蕾蕾	女	办公室	¥ 6,500.00	¥ 560.00	¥ 140.00	¥ 70.00	¥ 700.00	¥ 1,530.00	¥ 48.00	¥ 6,452.00
9	007	董一鸣	男	销售部	¥ 7,400.00	¥ 600.00	¥ 150.00	¥ 75.00	¥ 750.00	¥ 2,325.00	¥ 127.50	¥ 7,272.50
10	008	周丽丽	女	客服部	¥ 6,900.00	¥ 584.00	¥ 146.00	¥ 73.00	¥ 730.00	¥ 1,867.00	¥ 81.70	¥ 6,818.30
11	009	吴青	男	开发部	¥ 14,300.00	¥ 840.00	¥ 210.00	¥ 105.00	¥ 1,050.00	¥ 8,595.00	¥ 1,164.00	¥ 13,136.00
12	010	王春晓	女	销售部	¥ 7,300.00	¥ 600.00	¥ 150.00	¥ 75.00	¥ 750.00	¥ 2,225.00	¥ 117.50	¥ 7,182.50

图 4-38 "一月份实发工资总表"效果

实发工资各工资段人数分布	
范围（实发工资）	人数
总人数	32
0-4999	0
5000-6999	3
7000-8999	12
9000-9999	5
10000以上	12

工资统计表						
部门	人数	奖金总计	应发工资总计	实发工资总计	平均应发工资	平均实发工资
办公室	3	¥ 2,400.00	¥ 28,900.00	¥ 27,524.00	¥ 9,633.33	¥ 9,174.67
开发部	10	¥ 20,900.00	¥ 110,200.00	¥ 104,313.30	¥ 11,020.00	¥ 10,431.33
销售部	8	¥ 7,250.00	¥ 71,350.00	¥ 68,796.10	¥ 8,918.75	¥ 8,599.51
市场部	6	¥ 8,050.00	¥ 57,050.00	¥ 54,861.00	¥ 9,508.33	¥ 9,143.50
客服部	5	¥ 2,100.00	¥ 48,400.00	¥ 46,438.30	¥ 9,680.00	¥ 9,287.66
总计	32	¥ 40,700.00	¥ 315,900.00	¥ 301,932.70	¥ 60,386.54	¥ 9,752.08

图 4-39 "一月份工资统计表"效果

任务分析

要完成该任务，先了解公式的应用以及常用函数的应用，然后分步骤计算出每张工作表中的数据，其大致步骤如下。

（1）使用公式和函数计算出"一月份应发工资表"中的数据。

（2）使用函数计算出"员工信息表"中每位员工的工龄。

（3）使用函数和其他工作表提供的信息计算出"一月份应发工资表"、"一月份实发工资总表"和"一月份工资统计表"中的相关数据。

相关知识

1．运算符

运算符是一个标记或符号，指定表达式内执行的运算的类型。常用的算术运算符有加（+）、减（-）、乘（*）、除（/）等；比较运算符有等于（=）、小于（<）、大于（>）等；文本运算符有连接（&），如公式"= Hello & World!"的结果为"Hello World!"。

2．公式

公式是 Excel 工作中进行数值计算的等式。在单元格或编辑栏中输入公式时，以"="开始，然后输入由运算数和运算符组成的公式表达式。运算数是参与运算的数据，可以是常量、单元格引用、单元格名称和工作表函数等。

3．函数

函数是预先编写的公式，可以对一个或多个值执行运算，并返回一个或多个值。

4．单元格引用

单元格引用是指引用某一单元格或单元格区域中的数据，可以是当前工作表的单元格或单元格区域、同一工作簿中其他工作表中的单元格或单元格区域、其他工作簿中工作表中的单元格或单元格区域。在 Excel 2010 中，单元格引用或单元格区域引用有两种方式：相对引用和绝对引用，默认情况下为相对引用。

相对引用：指单元格或单元格区域地址随公式所在位置变化而变化，如公式"=B2+C2"就表示相对引用，当公式在复制或移动时，公式中引用单元格的地址会发生改变。

绝对引用：指单元格或单元格区域地址不会随公式所在位置变化而变化，如公式"=$C$2"，"$C$2"就表示绝对引用，当公式在复制或移动时，公式中引用单元格的地址不会发生改变。

混合引用：指将相对引用与绝对引用混合使用，如公式"=B2+$C$2"，将该公式复制到其他单元格时，"$C$2"保持不变，而"B2"将会发生相应变化。

5．单元格和单元格区域名称

在 Excel 2010 的数据计算与统计过程中，有时需要引用大量的单元格和单元格区域。虽然直接引用单元格或单元格区域比较简单，但是不利于后期的维护和修改，因此，可以为这些单元格或单元格区域定义一个有意义的名称。

任务实施

4.3.1　使用公式

在单元格中使用公式必须按下面形式输入：　=表达式。

● 打开"工资表（素材）.xlsx"工作簿，在"一月份奖金表"中，使用 L2:M8 单元格区域中给定的条件计算每位员工的奖金。

奖金的计算公式为：=迟到次数×扣除金额+早退次数×扣除金额+加班天数×奖励金额+请假天数×扣除金额。

因为迟到和早退扣除的金额相同，因此公式可以改为：=（迟到次数+早退次数）× 扣除金额+加班天数×奖励金额+请假天数×扣除金额。

① 打开"工资表（素材）.xlsx"工作簿，切换到"一月份奖金表"。

② 选择 F3 单元格，输入公式"　=（B3+C3）*（-100）+D3*500+E3*（-50）"，按 Enter 键或单击"输入"按钮 ✔ 确认。F3 单元格中显示出计算结果。

③ 将鼠标指针指向 F3 单元格右下角的填充柄，当鼠标指针变成+时，双击填充柄，计算出每位员工的奖金。

✎说明

此处双击填充柄的作用是对公式进行复制，且 Excel 自动将粘贴区域的公式调整为与该区域有关的相对位置。

在进行公式计算的时候，很可能由于公式的错误导致计算结果出现某些意外的数值，常见错误信息如表 4-2 所示。

表 4-2　常见的错误值

错　误　值	错误的原因
#####	单元格的列宽不够，或者是使用了负的日期或负的时间
#DIV/0!	除数为 0
#N/A	函数或公式中没有可用的数值
#NAME?	Excel 2010 不能识别公式中的文本
#NULL	使用了不正确的单元格或单元格区域进行运算
#NUM!	公式或函数中使用了无效数字
#REP	单元格引用无效
#VALUE!	使用的参数或操作数类型错误

4.3.2　使用函数

Excel 2010 提供了十分丰富的内置函数，有财务、数学和三角函数、日期和时间、统计、查找与引用、文本、逻辑等共 11 大类。由于函数的名字与形式难以记住，因此可以通过在单元格中插入函数来完成输入。

（1）求最大值函数 MAX。

● 在"一月份奖金表"中，计算出公司员工所得的"最高奖金额"。

① 选择 J2 单元格。

② 单击"开始"选项卡"编辑"组中的"自动求和"下拉按钮 Σ 自动求和▼，从弹出的下拉列表中选择"最大值"选项。此时单元格中出现了求最大值函数"MAX（）"，并用鼠标在工作表选择参数范围 F3:F34，单击 Enter 键或单击编辑栏的"输入"按钮 ✔ 确认。在 J2 单元格中显示出计算结果。

✎说明

函数的结构也是从"="开始的，然后是函数名称和用括号括起来的参数，如图 4-40 所示。参数可以是数字、文本、逻辑值、数组、错误值或单元格引用，也可以是常量、公式或函数。指定的参数都必须为有效参数值。

图 4-40　函数

所有函数都由 3 部分组成：函数名、参数和圆括号。

函数名：是函数的标识，从函数名一般能够确定函数的功能。

参数：是函数不可缺少的一部分，如果有多个参数，需用逗号隔开，形成参数列表。

圆括号：用来将参数括起来，即使没有参数括号也不可省略。

（2）求最小值函数 MIN、求和函数 SUM、求平均值函数 AVERAGE。

● 在"一月份奖金表"中，计算出公司员工的"最低奖金额"、"总奖金额"、"平均奖金额"。

① 选择 J3 单元格。

② 单击"开始"选项卡"编辑"组中的"自动求和"下拉按钮，从弹出的下拉列表中

选择"最小值"选项，直接用鼠标在工作表中重新选择参数范围 F3:F34，按 Enter 键，在 J3 单元格中显示计算结果。

③ 选择 J4 单元格，重复步骤②，注意将"最小值"改为"求和"，就可以计算出"总奖金额"。

④ 选择 J5 单元格，重复步骤②，注意将"最小值"改为"平均值"，就可以计算出"平均奖金额"。

（3）排序函数 RANK。

功能：返回一个数字在数字列表中的排位。数字的排位是其大小与列表中其他值的比值。

语法：RANK（number，ref，order）。

Number：为需要找到排位的数字。

Ref：为数字列表数组或对数字列表的引用。Ref 中的非数值型参数将被忽略。

Order：为一数字，指明排位的方式。如果 order 为 0（零）或省略，按照降序排列；如果 order 不为零，按照升序排列。

● 在"一月份奖金表"中，计算出公司员工所得奖金的"名次"。

① 选中 G3 单元格。

② 单击编辑栏左侧的"插入函数"按钮 f_x，弹出"插入函数"对话框，在"搜索函数"文本框中输入"rank"，单击"转到"按钮，Excel 2010 自动搜索相关函数，如图 4-41 所示。选择"RANK"函数，单击"确定"按钮，弹出"函数参数"对话框。

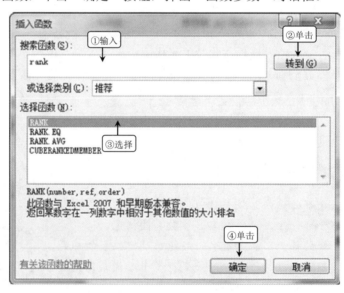

图 4-41　插入函数

③ 定位到第一个参数"Number"处，选择 F3 单元格；定位到第二个参数"Ref"处，选择 F3:F34 单元格区域，如图 4-42 所示。

④ 单击"确定"按钮，在 G3 单元格中，计算出第 1 个员工的"名次"。拖动 G3 单元格中的填充柄至 G34 单元格，计算出所有员工所获奖金的名次。

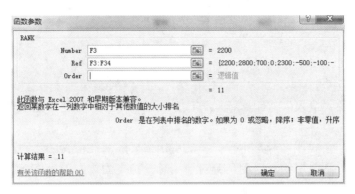

图 4-42 "函数参数"对话框

✎ 说明

RANK 函数对重复数的排位相同。但重复数的存在将影响后续数值的排位。例如，序列"2，2，7，4"，整数 2 出现两次，其排位都为 1，则 4 的排位为 3（没有排位为 2 的数值）。

此时，发现员工的奖金排序出错，出现多个第 1 名、多个第 20 名、多个第 17 名，如图 4-43 所示。这是因为，在用填充柄对函数进行复制时，函数里面的参数会随函数位置的变化而变化，如 G3 单元格中的函数为"=RANK（F3，F3:F34）"，填充柄复制到 G34 单元格，函数变为"=RANK（F34，F34:F65）"，这就是相对引用。

员工考勤表

员工编号	迟到(次数)	早退(次数)	加班天数	请假天数	奖金	名次
001	2	1	5	0	¥ 2,200.00	11
002	1	1	6	0	¥ 2,800.00	3
003	1	1	2	2	¥ 700.00	20
004	0	0	0	0	¥ −	20
005	1	1	5	0	¥ 2,300.00	6
006	2	3	1	0	¥ −500.00	27
007	0	1	1	0	¥ −100.00	19
008	1	2	1	0	¥ −400.00	24
009	1	1	8	0	¥ 3,800.00	1
010	1	1	0	0	¥ −200.00	19
011	3	1	8	0	¥ 3,600.00	1
012	1	3	0	0	¥ −400.00	21
013	0	1	0	0	¥ −100.00	17
014	1	1	0	0	¥ −200.00	17
015	1	1	4	1	¥ 1,750.00	9
016	2	1	0	0	¥ −200.00	16
017	1	1	0	0	¥ −200.00	16

图 4-43 排序结果

Rank 函数的第二个参数，代表所有员工的奖金，它不应该随着函数位置的变化而变化，因此，此处不能使用相对引用，而使用绝对引用。变成绝对引用的方法是，选中第二个参

数，按 F4 键，自动在列标和行标前面加上"$"符号即可，如将"F3:F34"，变成"$F$3:$F$34"。

● 修改每位员工的奖金"名次"。

① 选择 G3 单元格。

② 在编辑栏中，选中第二个参数"F3:F34"，按 F4 键，将第二个参数变成"$F$3:$F$34"，单击编辑栏左侧的"输入"按钮✔确认修改，再双击 G3 单元格中的填充柄，计算出所有员工的"名次"。

由此可见，当公式或者函数中单元格的引用需要随所在位置的不同而改变时，应使用相对引用，相反，则使用绝对引用，绝对引用总是指定固定的单元格或单元格区域，无论公式怎么复制也不会改变引用地址。

⚙技巧

输入单元格地址后，选中该单元格地址，按 F4 键，就可以在相对引用、绝对引用和混合引用之间进行切换。例如，选择 A2 地址后，按 F4 键，地址引用变为$A$2，再按 F4 键，又变回 A2。

（4）日期函数 TODAY、YEAR。

● 在"员工信息表"中，计算出每个员工的"工龄"。

计算"工龄"的公式为：工龄=当前年份-参加工作年份。其中在计算"当前年份"时，先使用 TODAY 函数获取系统日期，再用 YEAR 函数获取当年的年份，即当前年份=YEAR（TODAY（））；参加工作年份=YEAR（工作日期）。

① 切换到"员工信息表"。

② 单击 H3 单元格。

③ 单击"公式"选项卡"函数库"组中的"日期和时间"按钮，从弹出的下拉列表中选择"TODAY"选项，此时 H3 单元格中显示当前系统的日期，编辑栏中显示"=TODAY（）"。

④ 选中"TODAY（）"，按 Ctrl+X 组合键，将选定内容剪切到剪贴板上。

⑤ 在"日期和时间"下拉列表中选择"YEAR"选项，弹出"函数参数"对话框。

⑥ 将插入点放置到参数处，按 Ctrl+V 组合键，将剪贴板中的内容粘贴到该处，如图 4-44 所示。

图 4-44 设置 YEAR 函数参数

⑦ 单击"确定"按钮。将插入点放置到编辑栏中"=YEAR（TODAY（））"的后面，输入"-YEAR（G3）"，按 Enter 键，完成计算"工龄"公式的输入。

⑧ 设置 H3 单元格的数据类型为"常规"，再双击 H3 单元格右下角的填充柄，计算出

其他员工的"工龄"。

✎说明

如果选择一个已包含函数的单元格后，再单击"插入函数"按钮，将弹出"函数参数"对话框用于重新修改参数。

若要使用其他函数，应先将已有函数删除。

若要使用嵌套函数，应先将已有函数剪切到剪贴板，再将其粘贴到另一函数的参数位置。

（5）查询函数 VLOOKUP。

功能：按列查找，返回数据区域当前行中指定列处的值如果查找不到返回错误值 N/A。

格式：VLOOKUP（lookup_value，table_array，col_index_num，range_lookup）。

Lookup_value 为需要在数据表第一列中进行查找的数值，可以为数值、引用或文本字符串。

Table_array 为需要在其中查找数据的数据表。

col_index_num 为 table_array 中待返回的匹配值的列序号。col_index_num 为 1 时，返回 table_array 第一列的数值，以此类推。

Range_lookup 为一逻辑值，指明函数 VLOOKUP 查找时是精确匹配，还是近似匹配。如果为 false 或 0 ，则返回精确匹配，如果找不到，则返回错误值#N/A。

● 在"员工信息表"中，使用 VLOOKUP 查找员工的工龄，并显示在"一月份应发工资表"的"工龄（年）"列。

为操作方便，先在"员工信息表"中，定义一个单元格区域名称"工龄"。由于 VLOOKUP 函数是按照"员工编号"到"员工信息表"中查找的，所以在定义单元格区域名称时一定要把"员工编号"定义在第 1 列（函数要求）。

① 切换到"员工信息表"。

② 选择 A3:H34 单元格区域，单击"公式"选项卡"定义名称"组中的"定义名称"下拉按钮，从弹出的下拉列表中选择"定义的名称"选项，弹出"新建名称"对话框，如图 4-45 所示。

③ 在"名称"文本框中输入"工龄"，单击"确定"按钮，完成单元格区域名称创建。

④ 切换到"一月份应发工资表"，选择 F3 单元格。

⑤ 单击"公式"选项卡"函数库"组中的"查找与引用"按钮，从弹出的下拉列表中选择"VLOOKUP"选项，弹出"函数参数"对话框。

⑥ 因为是根据"员工编号"查找的，所以 VLOOKUP 的第一个参数应该选择 A3；单击第二个参数，然后再单击

图 4-45　"新建名称"对话框

"公式"选项卡"定义的名称"组中的"用于公式"按钮，从弹出的下拉列表中选择"工龄"选项；第三个参数是决定 VLOOKUP 函数找到匹配员工编号后，该行的哪列数据被返回，由于"工龄"在"工龄"区域的第 8 列，所以这里输入"8"；由于这里是精确查找，因此第四个参数输入"FALSE"，如图 4-46 所示，单击"确定"按钮。

153

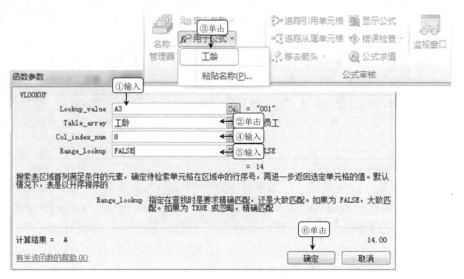

图 4-46　设置 VLOOKUP 函数的参数

⑦ 双击 F3 单元格右下角的填充柄，查找出所有员工的"工龄"。

● 使用"工资对照表"提供的信息，在"一月份应发工资表"中计算出"职位工资"列数据。

① 选择"一月份应发工资表"中的 H3 单元格。

② 弹出 VLOOKUP 函数的"函数参数"对话框。因为是按照"职位"查找的，因此在"Lookup_value"编辑框中，选择 E3 单元格；单击"Table_array"编辑框，然后切换到"工资对照表"选择 A3:B12 单元格区域，此时编辑框中显示"工资对照表!A3:B12"，选择该内容按 F4 键，变为绝对引用；单击"Col_index_num"编辑框，并输入"2"；在"Range_lookup"编辑框中输入"FALSE"，如图 4-47 所示，单击"确定"按钮，计算出 H3 单元格的值 10000。

图 4-47　使用 VLOOKUP 查找"职位工资"

③ 拖动 H3 单元格的填充柄，查找出其他员工的职位工资。

✐说明

如果要引用同一个工作簿中其他工作表的单元格或单元格区域，可以在地址前面加上工作表的名称，如"工资对照表!A3:B12"，工作表名和地址之间用！符号分隔开。跨工作表引用又称二维引用，引用的一般格式为"工作表名！地址"。

● 在"一月份奖金表"中查询出员工的奖金，并显示在"一月份应发工资表"的"奖金"列。

步骤略。

（6）逻辑判断函数 IF。

IF 函数的功能是执行真假判断，根据逻辑计算的真假值，返回不同结果。其表达式为 IF（logical_test， Value_if_true， Value_if_false）。

"logical_test"表示计算结果为 True 或 False 的任意值或表达式。

"Value_if_true"表示"logical_test"结果为 True 时的值。

"Value_if_false"表示"logical_test"结果为 False 时的值。

例如，IF（3>=4, "我的天啊，3>=4 这不科学", "3<4 这才是真理"），因为表达式"3>=4"的结果为 False，因此该 IF 函数的返回结果为"3<4 这才是真理"。

IF 函数还可以用"Value_if_true"及"Value_if_false"参数构造复杂的判断条件，形成函数的多层嵌套。

● 使用"工资对照表"提供的信息，在"一月份应发工资表"中计算出"工龄工资"列。

① 在"一月应发工资表"中，选择 G3 单元格。

② 单击"公式"选项卡"函数库"组中的"逻辑"按钮，从弹出的下拉列表中选择"IF"选项。

③ 在"Logical_test"编辑框中，先选择 F3 单元格，再输入">=10"。

④ 在"Value_if_true"编辑框中，输入"2500"。

⑤ 将插入点定位在"Value_if_false"编辑框中，然后单击编辑栏左边的 IF 函数，第 2 次弹出"函数参数"对话框，如图 4-48 所示。在"Logical_test"编辑框中输入"F3>=6"，在"Value_if_true"编辑框中输入"2000"。

⑥ 重复步骤⑤，其中在"Logical_test"编辑框中输入"F3>=3"，在"Value_if_true"编辑框中输入"1700"，在"Value_if_false"编辑框中输入"1300"。

⑦ 单击"确定"按钮，在 G3 单元格的编辑栏中显示的最终公式为"=IF（F3>=10，2500，IF（F3>=6，2000，IF（F3>=3，1700，1300)))"。

⑧ 在 G3 单元格中，向下拖动填充柄，计算出所有员工的"工龄工资"。

✎说明

① 在 G3 单元格中的公式为"=IF（F3>=10，2500，IF（F3>=6，2000，IF（F3>=3，1700，1300)))"，各部分的含义如下。

● IF（F3>=10，2500，IF（…）），表示如果 F3 单元格的值大于等于 10，则 G3 单元格的值为 2500，否则执行里层的 IF 函数。

● IF（F3>=6，2000，IF（…）），表示如果 F3 单元格的值大于等于 6，且小于 10，则 G3 单元格的值为 2000，否则执行里层的 IF 函数。

● IF（F3>=3，1700，1300），表示如果 F3 单元格的值大于等于 3，且小于 6，则 G3 单元格的值为 1700，否则 G3 单元格的值为 1300。

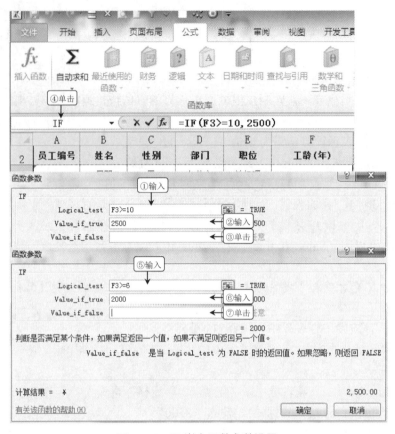

图4-48　IF嵌套函数参数设置

② G3单元格中的公式也可以改为"=IF（F3>=6，IF（F3>=10，2500，2000），IF（F3>=3，1700，1300））"，请自行分析。

③ 函数的嵌套是指将某函数作为另一函数的参数使用。例如，在公式"=IF（F34>=10，2500，IF（F34>=6，2000，IF（F34>=3，1700，1300）））"中，最外层的第三个参数使用的是"IF（F34>=6，2000，IF（F34>=3，1700，1300））"函数的结果，第二层的IF函数的第三个参数使用的是"IF（F34>=3，1700，1300）"函数的结果，因此公式"=IF（F34>=10，2500，IF（F34>=6，2000，IF（F34>=3，1700，1300）））"属于3层嵌套。

● 计算出"一月份应发工资表"表中的"应发工资"，并将计算出的结果复制到"一月份实发工资总表"的"应发工资"列。

① 在"一月份应发工资表"中，计算出员工的"应发工资"，计算方法为：应发工资=工龄工资+职位工资+奖金。

② 复制"一月份应发工资表"中的J3:J34单元格区域，在"一月份实发工资总表"的E3单元格中右击，从弹出的快捷菜单中选择"粘贴选项|值"命令。

● 在"一月份实发工资总表"中计算出"养老保险"、"医疗保险"、"失业保险"、"住房公积金"。

三险一金一般包括"养老保险"、"医疗保险"、"失业保险"、"住房公积金"，其中个人缴纳部分的计算方法如下：

养老保险=基本工资×8%；

医疗保险=基本工资×2%；

失业保险=基本工资×1%；

住房公积金=基本工资×10%。

其中，基本工资=工龄工资+职位工资。

● 根据"税率"给定的信息，在"一月份实发工资总表"中计算出"应纳税额"和"个税"。

应纳税额是对月收入超过 3500 元以上的部分进行征税，且计算方法为：应纳税额=每月工资（薪金）所得－三险一金－起征点（3500），其中"每月工资（薪金）所得"为每月的"应发工资"。

因此应纳税额可以使用 IF 函数计算，公式为"IF（E3>=3500，E3-F3-G3-H3-I3-3500，0）"。

个税的计算方法为：个税=应纳税额（月）×适用"税率"－速算扣除数。

假设该公司的应纳税额最高不超过 10000 元，则 K3 单元格的计算公式为"IF(J3<=1500，J3*3%，IF（J3<=4500，J3*10%-105，IF（J3<=9000，J3*20%-555，J3*25%-1005)))"。

● 在"一月份实发工资总表"中计算出"实发工资"。

"实发工资"的计算方法如下：实发工资=应发工资－个税。

（7）统计函数 COUNTA 及 COUNT。

● 用 COUNTA 或 COUNT 函数统计"一月份实发工资总表"中实发工资的总人数，并将统计结果放置到"一月份工资统计表"的相应位置。

① 在"一月份工资统计表"中，选择 B3 单元格。

② 单击"公式"选项卡"函数库"组中的"其他函数"按钮，从弹出的下拉列表中选择"统计|COUNTA"选项，弹出"函数参数"对话框。

③ 将光标定位在"Value1"编辑框处，删除默认参数，再单击"一月份实发工资总表"的标签，在"一月份实发工资总表"中选择 L3:L34 单元格区域，此时编辑栏中的函数为"=COUNTA（一月份实发工资总表!L3:L34)"，单击"函数参数"对话框中的"确定"按钮，在 B3 单元格中显示出计算结果。

✎说明

在第②步中选择"统计|COUNT"选项，其计算结果一样。这是因为 COUNT 与 COUNTA 函数的功能类似，都是返回指定范围内单元格的个数。其不同点如下。

● COUNTA 函数返回参数列表中非空值的单元格个数，单元格的类型不限。

● COUNT 函数返回包含数字及参数列表中数字类型的单元格个数。

虽然在"一月份实发工资总表"中"实发工资"列的数据属于会计专用类型，但也属于数字类型，因此使用 COUNT 和 COUNTA 统计的总人数一样。

（8）条件统计函数 COUNTIF。

COUNTIF 函数的功能是统计指定区域内满足条件的单元格个数。其表达式为：COUNTIF（Range，Criteria）。

Range：指定要统计的单元格区域；Criteria：指定的条件表达式。

● 用 COUNTIF 函数，将"一月份实发工资总表"中各实发工资段的人数统计到"一月份工资统计表"的相应单元格中。

① 在"一月份工资统计表"中，选择 B4 单元格。

② 单击编辑栏左边的"插入函数"按钮，弹出"插入函数"对话框，在"或选择类别"下拉列表中选择"统计"选项，在"选择函数"列表中选择"COUNTIF"选项，如图 4-49 所示。

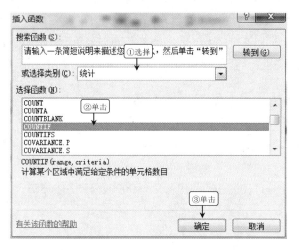

图 4-49　"插入函数"对话框

③ 单击"确定"按钮，弹出"函数参数"对话框。将插入点定位在"Range"编辑框中，再单击"一月份实发工资总表"的工作表标签，并在"一月份实发工资总表"中选择参数范围 L3:L34；将插入点定位在"Criteria"编辑框中，输入"<=4999"，如图 4-50 所示，单击"确定"按钮。此时编辑栏中的函数为"=COUNTIF（一月份实发工资总表!L3:L34，"<=4999")"，计算出实发工资在 0-4999 范围内的人数。

图 4-50　COUNTIF 函数的"函数参数"对话框

④ 在"一月份工资统计表"中，选择 B5 单元格，直接在编辑栏中输入"=COUNTIF（一月份实发工资总表!L3:L34，"<=6999")"，按 Enter 键确认，计算出实发工资在 0-6999 范围内的人数，等于实发工资在 5000-6999 范围内的人数。（0-4999 工资段人数为 0 不需要减去）。

⑤ 在"一月份工资统计表"中，选择 B6 单元格，直接在编辑栏中输入"=COUNTIF（一月份实发工资总表!L3:L34，"<=8999")"，按 Enter 键确认。查看结果发现计算结果中包

含 "5000-6999" 工资段的人数因此需要减去这部分人数，所以编辑栏中的公式改为 "=COUNTIF（一月份实发工资总表!L3:L34，"<=8999"）-B5"。

⑥ B7 单元格中的公式为 "=COUNTIF（一月份实发工资总表!L3:L34，"<=9999"）-B5-B6"。

⑦ B8 单元格中的公式为 "=COUNTIF（一月份实发工资总表!L3:L34，">10000"）"。

● 用 COUNTIF 函数，将 "一月份实发工资总表" 中各部门的人数统计到 "一月份工资统计表" 的相应单元格中。

① 在 "一月份工资统计表" 中，选择 F3 单元格。

② 在编辑栏中输入公式 "=COUNTIF（一月份实发工资总表!$D$3:$D$34，E3）"，拖动 F3 单元格的填充柄到 F7 单元格，计算出每个部门的人数。

③ 在 F8 单元格中的公式为 "=SUM（F3:F7）"，计算出所有部门人数的总和。

（9）条件求和函数 SUMIF。

SUMIF 函数的功能是对满足条件的单元格求和。其表达式为：SUMIF（Range，Criteria，Sum_range）。

Range 指用于条件判断的单元格。

Criteria 为确定哪些单元格将被相加求和的条件。

Sum_range 是用于实际求和的单元格。

● 在 "一月份工资统计表" 中，统计出每个部门的 "奖金总计"。

① 在 "一月份工资统计表" 中，选择 G3 单元格。

② 单击 "公式" 选项卡 "函数库" 组中的 "数学和三角函数" 按钮，从弹出的下拉列表中选择 "SUMIF" 选项，弹出 "函数参数" 对话框。

③ 在 "Range" 编辑框中选择区域 "一月份应发工资表!$D$3:$D$34"（绝对引用）；在 "Criteria" 编辑框中选择 E3 单元格；在 "Sum_range" 编辑框中选择区域 "一月份应发工资表!$I$3:$I$34"（绝对引用），如图 4-51 所示，单击 "确定" 按钮。

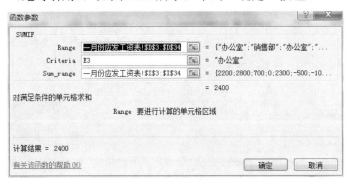

图 4-51　SUMIF 函数的 "函数参数" 对话框

④ 拖动 G3 单元格的填充柄，计算出其他部门的 "奖金总计"。

● 用 SUMIF 函数统计出 "应发工资总计" 和 "实发工资总计"。

同上面的计算 "奖金总计" 的方法一样，计算出 "应发工资总计" 和 "实发工资总计"，其计算结果如图 4-52 所示。

工资统计表

部门	人数	奖金总计	应发工资总计	实发工资总计	平均应发工资	平均实发工资
办公室	3	2400	28900	27524		
开发部	10	20900	110200	104313.3		
销售部	8	7250	71350	68796.1		
市场部	6	8050	57050	54861		
客服部	5	2100	48400	46438.3		
总计	32					

图4-52　用SUMIF函数统计"应发工资总计"和"实发工资总计"

（10）条件求平均值函数 AVERAGEIF。

AVERAGEIF 函数的功能是对满足条件的单元格求平均值。其表达式为：AVERAGEIF（Range，Criteria，Sum_range）。

Range 指用于条件判断的单元格。

Criteria 为确定哪些单元格的值将被平均的条件。

Sum_range 是用于实际求平均值的单元格。

● 用 AVERAGEIF 函数统计出"平均应发工资"和"平均实发工资"。

① 在"一月份工资统计表"中，选择 J3 单元格。

② 单击"公式"选项卡"函数库"组中的"数学和三角函数"按钮，从弹出的下拉列表中选择"AVERAGEIF"选项，弹出"函数参数"对话框。

③ 在"Range"编辑框中选择区域"一月份应发工资表!$D$3:$D$34"（绝对引用）；在"Criteria"编辑框中选择 E3 单元格；在"Sum_range"编辑框中选择区域 "一月份应发工资表!$I$3:$I$34"（绝对引用），如图 4-53 所示，单击"确定"按钮。

图4-53　AVERAGEIF 函数的"函数参数"对话框

④ 拖动 J3 单元格的填充柄，计算出其他部门的"平均应发工资"。

⑤ 按相同的方法计算出"平均实发工资"。

● 分别使用 SUM 函数和 AVERAGE 函数计算出其他项的总计，再将单元格中的数字格式设置为"会计专用|中文"，效果如图 4-54 所示。

工资统计表

部门	人数	奖金总计		应发工资总计		实发工资总计		平均应发工资		平均实发工资	
办公室	3	¥	2,400.00	¥	28,900.00	¥	27,524.00	¥	9,633.33	¥	9,174.67
开发部	10	¥	20,900.00	¥	110,200.00	¥	104,313.30	¥	11,020.00	¥	10,431.33
销售部	8	¥	7,250.00	¥	71,350.00	¥	68,796.10	¥	8,918.75	¥	8,599.51
市场部	6	¥	8,050.00	¥	57,050.00	¥	54,861.00	¥	9,508.33	¥	9,143.50
客服部	5	¥	2,100.00	¥	48,400.00	¥	46,438.30	¥	9,680.00	¥	9,287.66
总计	32	¥	40,700.00	¥	315,900.00	¥	301,932.70	¥	60,386.54	¥	9,752.08

图 4-54 "工资统计表"效果

步骤略。

任务 4 制作工资分析图表

任务描述

该任务主要根据"工资表（素材）.xlsx"工作簿中现有的数据，制作工资分析图表，效果如图 4-55～图 4-57 所示。

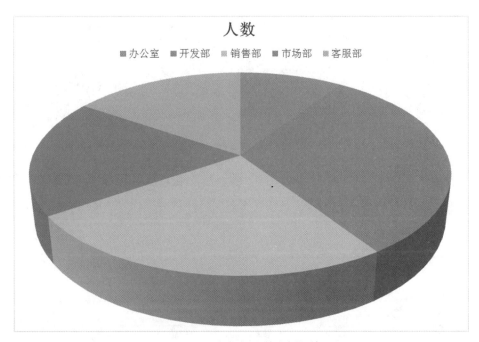

图 4-55 "各部门人数比例"效果

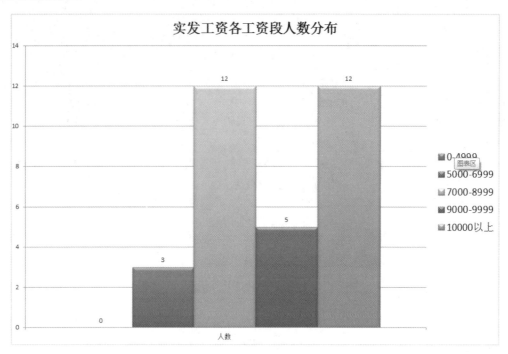

图4-56 "实发工资各工资段人数分布"效果

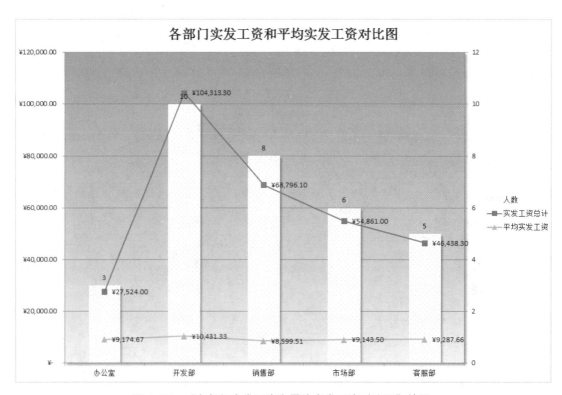

图4-57 "各部门实发工资和平均实发工资对比图"效果

观看本任务微课视频
扫一扫二维码

任务分析

要完成该任务，首先需要利用已有的工作表创建和编辑图表，然后对图表进行美化操作，涉及的知识点包括创建图表、编辑图表和美化图表。

相关知识

1. 图表

图表可以更好地使所处理的数据更加直观、生动、清晰地显示不同数据间的差异，更好地显示出发展趋势和分布状况，便于用户更好地理解各种数据之间的相互关系，使用户一目了然地看清数据的大小、差异和变化趋势。同时当工作表区域的数据发生变化时，图表中对应的数据也自动更新，可以同步显示数据。Excel 2010 提供了约 100 种不同格式的图表，其中包括二维图表和三维图表。

2. 图表的组成部分

图表一般由数据系列、网格线、分类名称、图例、坐标轴、标题等几部分组成，如图 4-58 所示。

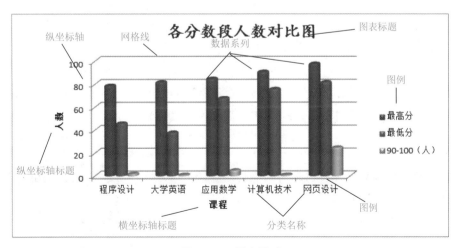

图 4-58 图表组成

任务实施

4.4.1 创建图表

在 Excel 2010 中创建图表非常简单。

● 在"工资分析表"中，利用各部门人数制作一个三维饼图。

① 打开"工资表（素材）.xlsx"工作簿，在"工资分析表"中，选择 E2:F7 单元格区域。

② 单击"插入"选项卡"图表"组中的"饼图"按钮，从弹出的下拉列表中选择"三维饼图"选项。

③ 在当前工作表中，插入一个名为"人数"的饼图，效果如图 4-59 所示，通过拖动，将图表移动到合适的位置。

● 在"工资分析表"中，利用实发工资各工资段人数制作一个簇状柱形图。

① 在"工资分析表"中，同时选择 A2:B2 和 A4:B8 单元格区域。

② 单击"插入"选项卡"图表"组中的"柱形图"按钮，从弹出的下拉列表中选择"二维柱形图"中的"簇状柱形图"选项。

③ 在当前工作表中，插入一个名为"人数"的簇状柱形图，效果如图 4-60 所示，通过拖动，将图表移动到合适的位置。

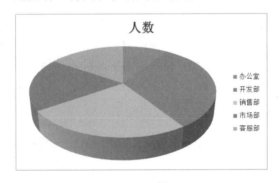

图 4-59　饼图

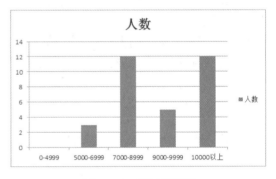

图 4-60　簇状柱形图

🖉说明

Excel 2010 的图表类型相当丰富，标准类型有 11 种，其中常用的有以下几种。

● 柱形图：用于显示某一段时间内数据的变化，或比较各数据项之间的差异。分类在水平方向，而数据在垂直方向，以强调相对于时间的变化。

● 条形图：用于显示各数据之间的比较。分类在垂直方向，而数据在水平方向，使用户的注意力集中在数据的比较上，而不在时间上。

● 折线图：用于显示各数据之间的变化趋势。分类在水平方向，而数据在垂直方向，以强调相对于时间的变化。

● 饼图：用于显示组成数据系列的各数据项与数据项总和的比例。饼图只适用于单个数据系列间各数据的比较。

4.4.2　修改图表

图表在工作表中有两种存在方式：嵌入式图表和图表工作表。嵌入式图表与工作表的数据在一起，默认情况下创建的图表为嵌入式图表；图表工作表是特定的工作表，只包含单独的图表。

● 将"工资分析表"中的饼图和柱形图分别移动到新的工作表中。

① 在"工资分析表"中选择饼图。

② 单击"图表工具|设计"选项卡"位置"组中的"移动图表"按钮，弹出"移动图表"对话框。

③ 选中"新工作表"单选按钮，并在相应文本框中输入"各部门人数比例"，如图 4-61 所示。

图 4-61　"移动图表"对话框

④ 单击"确定"按钮。将饼图移动到一个名为"各部门人数比例"的图表工作表中。

⑤ 使用相同的方法，将"工资分析表"中的柱形图移动到名为"实发工资各工资段人数分布"的图表工作表中。

● 修改"各部门人数比例"图表的标题为"各部门人数比例"，并在图表顶部显示图例。

① 在"各部门人数比例"表中，单击图表的标题"人数"，删除原来的标题，并重新输入新的标题"各部门人数比例"。

② 选择饼图，单击"图表工具|布局"选项卡"标签"组中的"图例"按钮，从弹出的下拉列表中选择"在顶部显示图例"选项。

● 修改"实发工资各工资段人数分布"图表的标题为"实发工资各工资段人数分布"；X、Y 轴上的数据交换显示；在系列的数据点结尾处显示数据标签。

① 选择"实发工资各工资段人数分布"表中的图表，修改标题为"实发工资各工资段人数分布"。

② 单击"图表工具|设计"选项卡"数据"组中的"切换行/列"按钮，使显示在 X、Y 轴上的数据交换显示。

③ 单击"图表工具|布局"选项卡"标签"组中的"数据标签"按钮，从弹出的下拉列表中选择"数据标签外"选项，在系列上显示数据标签。

● 复制"实发工资各工资段人数分布"工作表为"各部门实发工资和平均实发工资对比图"，并修改其中的柱形图，修改后的效果如图 4-62 所示。

① 复制"实发工资各工资段人数分布"图表工作表，并将副本改名为"各部门实发工资和平均实发工资对比图"。

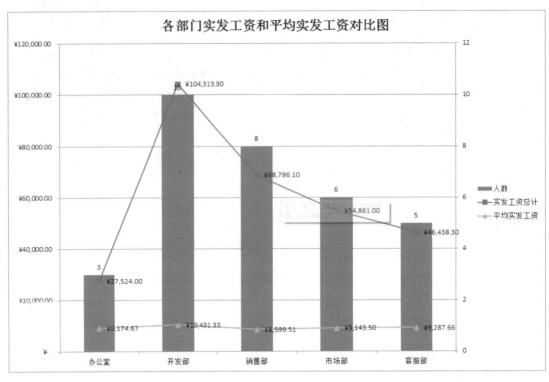

图 4-62　修改后的"各部门实发工资和平均实发工资对比图"

②　选择"各部门实发工资和平均实发工资对比图"柱形图，修改图表的标题为"各部门实发工资和平均实发工资对比图"。然后单击"图表工具|设计"选项卡"数据"组中的"选择数据"按钮，弹出"选择数据源"对话框。

③　单击"切换行/列"按钮，在"图例项（系列）"列表中单击"编辑"按钮，弹出"编辑数据系列"对话框，在"系列名称"编辑框中选择"=工资分析表!$F$2"（各部门人数表头），在"系列值"编辑框中选择"=工资分析表!$F$3:$F$7"（各部门人数数据），单击"确定"按钮，返回"选择数据源"对话框。

④　在"图例项（系列）"列表中单击"添加"按钮，再次弹出"编辑数据系列"对话框，在"系列名称"编辑框中选择"=工资分析表!$I$2"（实发工资表头），在"系列值"编辑框中选择"=工资分析表!$I$3:$I$7"（各部门实发工资数据），单击"确定"按钮，返回"选择数据源"对话框。

⑤　按照相同的方法添加"工资分析表"表中"平均实发工资"值到图表，如图 4-63 所示。

⑥　单击"水平（分类）轴标签"列表中的"编辑"按钮，弹出"轴标签"对话框，选择"=工资分析表!$E$3:$E$7"（各部门名称作为横轴标签）。返回到"选择数据源"对话框，单击"确定"按钮，完成图表数据源的更改。

⑦　在"实发工资各工资段人数分布"图表中，选择所有"实发工资总计"系列，单击"图表工具|设计"选项卡"类型"组中的"更改图表类型"按钮，从弹出的"更改图表类型"对话框中选择"折线图"类别中的"带数据标记的折线图"，单击"确定"按钮，更改

图表类型。

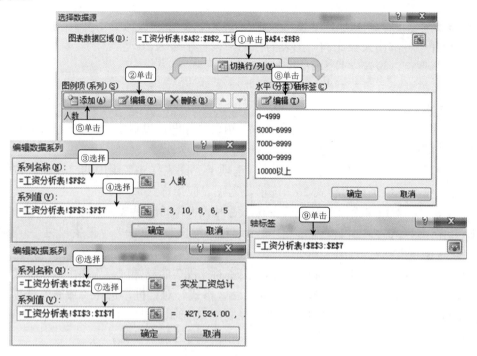

图 4-63   更改图表数据源

⑧ 使用相同的方法，修改"平均实发工资"系列的图表类型为"带数据标记的折线图"。

⑨ 右击"人数"系列，从弹出的快捷菜单中选择"设置数据系列格式"命令，弹出"设置数据系列格式"对话框，如图 4-64 所示。在"系列绘制在"选项组中选中"次坐标轴"单选按钮，单击"关闭"按钮，完成图表的修改。

图 4-64   "设置数据系列格式"对话框

4.4.3　美化图表

● 设置"各部门人数比例"图表的标题字号为 20 号，图例字号为 16 号。

① 选择"各部门人数比例"图表的标题，设置字号为 20 号。

② 选择图例，设置字号为 16 号。

● 设置"实发工资各工资段人数分布"图表的标题字号为 20 号，图例字号为 16 号；并为图表使用"样式 26"。

① 选择"实发工资各工资段人数分布"图表的标题，设置字号为 20 号。

② 选择图例，设置字号为 16 号。

③ 选择图表，单击"图表工具|设计"选项卡"图表样式"组中的"其他"按钮 ，从弹出的下拉列表中选择"样式 26"选项，为图表应用样式。

● 设置"各部门实发工资和平均实发工资对比图"的绘图区背景为预设颜色中的"雨后初晴"，阴影样式为"右下斜偏移"；设置系列"人数"的背景为"图案填充"，阴影样式为"右下斜偏移"。

① 右击"各部门实发工资和平均实发工资对比图"的绘图区，从弹出的快捷菜单中选择"设置绘图区格式"命令，弹出"设置绘图区格式"对话框，选择"填充"选项，设置填充为"雨后初晴"，如图 4-65 所示。选择"阴影"选项，在"预设"下拉列表中选择"外部|右下斜偏移"选项，单击"关闭"按钮，完成绘图区背景设置。

图 4-65　"设置绘图区格式"对话框

② 右击系列"人数"，从弹出的快捷菜单中选择"设置数据系列格式"命令，弹出"设

置数据系列格式"对话框，选择"填充"选项，设置填充效果，如图 4-66 所示。选择"阴影"选项，设置阴影样式为"右下斜偏移"，单击"关闭"按钮，完成系列格式设置。

图 4-66 "设置数据系列格式"对话框

✐说明

对图表进行美化，通常有以下几种方法。

① 双击图表组成对象，直接弹出格式设置对话框，这种方法最快捷、方便，也是最常用的方法。

② 将鼠标指针指向组成对象，然后右击，在快捷菜单中选择格式设置命令。

③ 在"图表工具|格式"选项卡"当前所选内容"组的"图表元素"下拉列表中选择图表的组成对象，然后使用"图表工具|格式"选项卡中的其他命令进行相应的格式设置。

任务 5　管理销售数据

任务描述

该任务主要是管理数据，如对数据进行排序、筛选等，效果如图 4-67～图 4-70 所示。

	2016年6月轿车销量记录				
编号	厂商	品牌	车型	6月销量	本年累计销售量
002	上汽大众	大众	大众朗逸	37869	248939
004	东风日产	日产	日产轩逸	33489	147050
007	一汽大众	大众	大众捷达	32950	173708
010	上汽通用	别克	别克英朗	30974	168160
011	一汽丰田	丰田	丰田卡罗拉	27268	153736
012	一汽大众	大众	大众速腾	27023	170426
015	上汽大众	大众	大众桑塔纳	26410	151779
016	长安福特	福特	福特福睿斯	21787	128107
019	上汽通用	雪佛兰	雪佛兰科鲁兹	21009	108459
021	北京现代	现代	现代朗动	19532	111497
024	吉利汽车	吉利汽车	吉利帝豪EC7	15635	103164
025	上汽通用	别克	别克威朗	15567	74346

图 4-67 "简单排序"效果

	2016年6月轿车销量记录				
编号	厂商	品牌	车型	6月销量	本年累计销售量
002	上汽大众	大众	大众朗逸	37869	248939
007	一汽大众	大众	大众捷达	32950	173708
012	一汽大众	大众	大众速腾	27023	170426
010	上汽通用	别克	别克英朗	30974	168160
011	一汽丰田	丰田	丰田卡罗拉	27268	153736
015	上汽大众	大众	大众桑塔纳	26410	151779
004	东风日产	日产	日产轩逸	33489	147050
016	长安福特	福特	福特福睿斯	21787	128107
021	北京现代	现代	现代朗动	19532	111497
019	上汽通用	雪佛兰	雪佛兰科鲁兹	21009	108459
024	吉利汽车	吉利汽车	吉利帝豪EC7	15635	103164
027	长安福特	福特	福特福克斯	14855	97695

图 4-68 "多关键字排序"效果

	2016年6月轿车销量记录				
编号	厂商	品牌	车型	6月销量	本年累计销售量
002	上汽大众	大众	大众朗逸	37869	248939
015	上汽大众	大众	大众桑塔纳	26410	151779
041	上汽大众	大众	大众新POLO	12564	86163
044	上汽大众	斯柯达	斯柯达明锐	11406	73313
054	上汽大众	大众	大众帕萨特	9620	82865
061	上汽大众	大众	大众凌渡	9351	71342
081	上汽大众	大众	大众朗行	5716	38225

图 4-69 "自动筛选"效果

170

C	D	E	F	G	H	I	J	K	L	M	N	O

16年6月轿车销量记录

品牌	车型	6月销量	本年累计销售量
MG	MG6	114	517
大众	大众朗逸	37869	248939
荣威	荣威550	84	1026
日产	日产轩逸	33489	147050
腾势	腾势	94	893
奇瑞	奇瑞旗云2	129	877
大众	大众捷达	32950	173708
DS	DS 4S	99	420
纳智捷	纳智捷5 Sedan	128	1848
别克	别克英朗	30974	168160
丰田	丰田卡罗拉	27268	153736
大众	大众速腾	27023	170426
众泰	江南奥拓	130	2650

品牌	6月销量
斯柯达	
	>=30000

编号	厂商	品牌	车型	6月销量	本年累计销售量
002	上汽大众	大众	大众朗逸	37869	248939
004	东风日产	日产	日产轩逸	33489	147050
007	一汽大众	大众	大众捷达	32950	173708
010	上汽通用	别克	别克英朗	30974	168160
044	上汽大众	斯柯达	斯柯达明锐	11406	73313
089	上汽大众	斯柯达	斯柯达昕锐	4843	32449
117	上汽大众	斯柯达	斯柯达速派	2552	14756
148	上汽大众	斯柯达	斯柯达晶锐	1304	6433

简单排序 多关键字排序 自动筛选 高级筛选 Sheet2 Sheet3

图4-70 "高级筛选"效果

任务分析

要完成该任务，首先制作的数据表尽量满足数据清单的要求，然后对数据进行排序、筛选等操作。

相关知识

1. 数据清单

数据清单是包含相关数据的一些数据行，由这些数据行组成的数据区域称为"数据清单"，可以理解为一张二维表，如"轿车销量记录（素材）.xlsx"工作簿中的"轿车销量记录"表。

数据清单具备数据库的多种管理功能，可以方便地实现数据排序、筛选、分类汇总等一些数据管理和分析功能。

为发挥数据清单的数据库管理功能，数据清单应尽量满足以下条件。

① 数据清单中的每一列必须有列名，且每列的数据类型必须相同。

② 避免在一个工作表中建立多个数据清单。

③ 数据清单与其他数据间至少要留出一个空列或一个空行。

2. 字段、字段名称、记录

字段：数据清单中的列称为字段。

字段名称：数据清单中的列标题称为字段名称。

记录：数据清单中的行称为记录，一行称为一条记录。

任务实施

4.5.1　简单排序

● 将"轿车销量记录（素材）.xlsx"工作簿中的"轿车销量记录"工作表复制一份，并将复制后的工作表改名为"简单排序"，然后按照"6月销量"列的数据升序排序。

① 在"轿车销量记录（素材）.xlsx"工作簿中，单击"轿车销量记录"工作表标签，按住 Ctrl 键，拖动"轿车销量记录"工作表到目标位置后释放，将"轿车销量记录（2）"工作表重命名为"简单排序"。

② 单击"6月销量"列中的任一单元格。

③ 单击"数据"选项卡"排序和筛选"组中的"降序"按钮 $\overset{Z}{A}\downarrow$，数据清单以记录为单位，按照"6月销量"列的数值大小从高到低排序。

⬚说明

① 排序并不是针对某一列进行的，而是以某一列的大小为顺序对所有的记录进行排序，即无论怎么排序，同一条记录的内容不变，改变的只是记录在数据清单中的位置。

② 排序的方式有升序和降序两种。在升序排序时，Excel 使用如下次序。

- 数字：从负数到正数。
- 文本：按0~9、空格、各种符号、A~Z 的次序。
- 空白单元格：无论升序还是降序排序，始终排在最后。

⬚技巧

在数据清单中按照某列排序时，只需要单击该列中的任一单元格，而不用全选该列。否则，排序只发生在选定的列，结果造成原始数据的破坏。

4.5.2　多个关键字排序

● 将"轿车销量记录（素材）.xlsx"工作簿中的"轿车销量记录"工作表复制一份，并将复制后的工作表改名为"多关键字排序"。在"多关键字排序"工作表中，以"本年累计销售量"为主要关键字降序排序；以"6月销量"为第二关键字降序排序。

① 单击"轿车销量记录"工作表标签，按住 Ctrl 键，拖动"轿车销量记录"工作表到目标位置后释放，将"轿车销量记录（2）"工作表重命名为"多关键字排序"。

② 在"多关键字排序"工作表中，单击数据清单中的任一单元格。

③ 单击"数据"选项卡"排序和筛选"组中的"排序"按钮，弹出"排序"对话框。

④ 在"主要关键字"下拉列表中选择"本年累计销售量"选项，在后面的"次序"下拉列表中选择"降序"选项。

⑤ 单击"添加条件"按钮，出现"次要关键字"设置行。

⑥ 在"次要关键字"下拉列表中选择"6月销量"选项，在"次序"下拉列表中选择"降序"选项，如图4-71所示。

图4-71　"排序"对话框

⑦ 单击"确定"按钮。"多关键字排序"工作表的排序效果如图4-68所示。

✎ 说明

① 对于多个关键字排序，首先按主要关键字排序，当主要关键字相同时，再按次要关键字排序，当主要关键字和次要关键字相同时，再按照后面的次要关键字排序。

② 汉字排序有两种方式，可以按字母排序，也可以按笔画排序，默认情况下按拼音字母排序，如"大"的拼音为"da"，"小"的拼音为"xiao"，那么"大"<"小"；如果要按照笔画排序，则需要在"排序"对话框中单击"选项"按钮，从弹出的"排序选项"对话框中选中"笔画排序"单选按钮，如图4-72所示。

图4-72　"排序选项"对话框

4.5.3　自动筛选

所谓筛选，即是将数据区域中满足条件的记录显示出来，不满足条件的记录隐藏起来。在Excel 2010中，筛选分为自动筛选和高级筛选。

● 将"轿车销量记录（素材）.xlsx"工作簿中的"轿车销量记录"工作表复制一份，并将复制后的工作表改名为"自动筛选"。在"自动筛选"工作表中，筛选出"厂商"为"上海大众"，"6月销量"大于等于5000的销售记录。

① 将"轿车销量记录"工作表复制一份，并重命名为"自动筛选"。

② 在"自动筛选"工作表中，单击数据清单中的任一单元格。

③ 单击"数据"选项卡"排序和筛选"组中的"筛选"按钮，此时标题名中出现下拉按钮。

④ 单击列标题"厂商"右侧的下拉按钮，从弹出的下拉列表中选中"上海大众"复选框，如图 4-73 所示，单击"确定"按钮。

⑤ 单击列标题"6月销量"右侧的下拉按钮，从弹出的下拉列表中选择"数字筛选|大于或等于"选项，弹出"自定义自动筛选方式"对话框，在相应框中输入"5000"，如图 4-74 所示，单击"确定"按钮。

图 4-73　"自动筛选"设置　　　　　　图 4-74　"自定义自动筛选方式"对话框

✎说明

① 在一个数据清单中进行多次筛选，下一次筛选的对象为上一次筛选的结果，最后筛选的结果受所有筛选条件的影响，筛选条件之间的关系为"与"的关系。

② 如果要取消所有筛选，再次单击"数据"选项卡"排序和筛选"组中的"筛选"按钮即可；如果要取消某一列的筛选，只要单击列标题右侧的下拉按钮，从弹出的下拉列表中选择相应的"从……中清除筛选"选项即可。

4.5.4　高级筛选

自动筛选可以实现同字段之间的"或"、"与"运算，也可以实现不同字段之间的"与"运算，但是不能实现不同字段之间的"或"运算。当筛选出满足字段间条件为"或"关系的记录时，必须使用高级筛选才能实现。

高级筛选是指根据条件区域设置的筛选条件而进行的筛选，使用高级筛选时需设置"数据区域"、"条件区域"和"筛选结果存放区域"3 个区域。其中在设置条件区域时需遵循以下原则。

① 条件区域必须与原数据区域至少隔开一行或一列。

② 条件区域至少有两行，第一行放置字段名，下面的行放置筛选条件。其中字段名一定要和原数据区域的字段名保持一致。

③ "与"关系的条件必须在同一行，"或"关系的条件必须在不同行。

● 将"轿车销量记录（素材）.xlsx"工作簿中的"轿车销量记录"工作表复制一份，并将复制后的工作表改名为"高级筛选"。在"高级筛选"工作表中，筛选出所有的"斯柯达"销售记录和"6月销量"在30000以上的销售记录。

① 将"轿车销量记录"工作表复制一份，并重命名为"高级筛选"。

② 在"高级筛选"工作表中，制作条件区域。条件区域和数据清单之间至少间隔一行后一列，因此在I3:J5单元格区域中制作的筛选条件如图4-75所示。

③ 在"高级筛选"工作表中，单击数据清单中的任一单元格。

④ 单击"数据"选项卡"排序和筛选"组中的"高级"按钮，弹出"高级筛选"对话框。同时"数据清单"被自动选定，周围出现虚线选定框，是默认的列表区域，根据需要该区域可以更改。

⑤ 选中"将筛选结果复制到其他位置"单选按钮，激活"复制到"编辑框。

⑥ 在"条件区域"编辑框中选择区域"高级筛选!$I$3:$J$5"，在"复制到"编辑框中选择单元格"高级筛选!$I$7"，如图4-76所示。单击"确定"按钮，筛选结果如图4-70所示。

品牌	6月销量
斯柯达	
	>=30000

图 4-75　高级筛选的条件区域

图 4-76　"高级筛选"对话框

✎说明

在"高级筛选"对话框中，在"复制到"编辑框中只要选择要存放筛选结果区域的左上角单元格即可，不要指定区域，因为在筛选前无法知道筛选结果所需区域的大小。

任务6　统计和分析销售数据

任务描述

该任务主要对现有的数据进行统计分析操作。Excel 自带的数据分析功能常用的有合并计算、分类汇总、数据透视表和数据透视图等，该任务的最终效果如图 4-77～图 4-81

所示。

	A	B	C	D	E	F
1			1-4月中国轿车销售总量			
2	编号	所属厂商	所属品牌	车型	总销量	
3	1	上汽大众	大众	朗逸	118937	
4	2	一汽大众	大众	捷达	95294	
5	3	上汽通用	别克	英朗	88852	
6	4	上汽大众	大众	桑塔纳	72112	
7	5	一汽大众	大众	速腾	88520	
8	6	上汽大众	大众	大众朗逸	51241	
9	7	东风日产	日产	日产轩逸	33266	
10	8	一汽大众	大众	大众速腾	32593	
11	9	上汽大众	大众	大众桑塔纳	30391	
12	10	一汽丰田	丰田	卡罗拉	109586	
13	11	上汽通用	别克	别克凯越	17916	
14	12	一汽大众	大众	大众高尔夫	16902	
15	13	北京现代	现代	领动	26549	
16	14	上汽通用	雪佛兰	科鲁兹	71753	
17	15	一汽大众	大众	大众捷达	28772	
18	16	上汽通用	别克	别克英朗	28194	

图 4-77 "合并计算"效果

	A	B	C	D	E	F
1			1-4月中国轿车销售总量			
2	编号	所属厂商	所属品牌	车型	总销量	
5		北京奔驰 汇总			49860	
18		北京现代 汇总			240458	
20		北汽新能 汇总			7136	
22		本田中国 汇总			1290	
25		比亚迪汽 汇总			54754	
31		比亚迪汽车 汇总			16815	
35		昌河铃木 汇总			13741	
44		东风本田 汇总			44863	
49		东风标致 汇总			83979	
52		东风乘用 汇总			11115	
54		东风乘用车 汇总			1378	
56		东风风行 汇总			1700	
69		东风日产 汇总			209939	
74		东风雪铁 汇总			53075	
76		东风英菲 汇总			4658	
81		东风悦达 汇总			113780	

图 4-78 "单一分类汇总"效果

	A	B	C	D	E	F
1			1-4月中国轿车销售总量			
2	编号	所属厂商	所属品牌	车型	总销量	
4		上海汽车 汇总			2463	
5			MG 汇总		2463	
11		一汽大众 汇总			124988	
12			奥迪 汇总		124988	
14		上汽通用 汇总			1750	
16		上汽通用五菱 汇总			5209	
17			宝骏 汇总		6959	
21		华晨宝马 汇总			90807	
22			宝马 汇总		90807	
24		北汽新能 汇总			7136	
25			北京汽车 汇总		7136	
28		北京奔驰 汇总			49860	
29			奔驰 汇总		49860	
32		一汽轿车 汇总			29610	
33			奔腾 汇总		29610	
35		本田中国 汇总			1290	

图 4-79 "嵌套分类汇总"效果

	A	B	C
3	行标签	求和项:总销量	
4	大众	925455	
5	丰田	298510	
6	别克	272468	
7	现代	240458	
8	福特	206342	
9	日产	197706	
10	本田	172606	
11	吉利汽车	171012	
12	奥迪	124988	
13	雪佛兰	124320	
14	长安	117300	
15	起亚	113780	
16	斯柯达	95325	
17	宝马	90807	
18	标致	83979	
19	奇瑞	71671	
20	比亚迪	71569	
21	马自达	59245	
22	雪铁龙	58844	
23	奔驰	49860	
24	荣威	49154	
25	铃木	30543	
26	海马	29969	

图 4-80 "数据透视表"效果

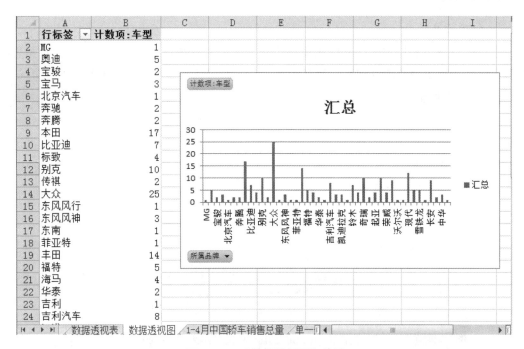

图 4-81 "数据透视图"效果

任务分析

为方便数据分析，制作的数据表尽量满足数据清单的要求，再利用 Excel 2010 提供的统计和分析功能对数据进行分析汇总等操作。

相关知识

1. 合并计算

合并计算是对多个数据表中关键字值相同记录的数据值字段进行汇总计算，从而得到一个新的汇总数据表。

2．分类汇总

分类汇总是按照指定的类别将数据以指定的方式进行统计，可以对表格中的数据进行汇总分析，获得想要的统计数据。根据需要分类汇总分为单一分类汇总和嵌套分类汇总。

3．数据透视表

数据透视表具有强大的数据处理功能，能将排序、筛选、分类汇总结合起来，对数据清单进行重新组织和计算，其特色是具有交互功能，使复杂数据的处理简单化。数据透视表的结构如图 4-82 所示。

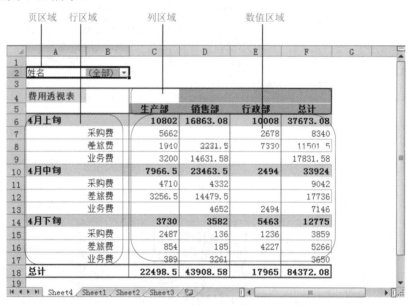

图 4-82　数据透视表的结构

4．数据透视图

数据透视图是根据数据透视表制作的图表，它们具有彼此对应的字段，如果数据透视表中的数据发生变化，数据透视图中的数据也会随之变化。

任务实施

4.6.1　合并计算

当执行合并计算时，会将不同行或列的数据根据标题进行分类合并，相同标题的合并成一条记录，不同标题的则形成多条记录，最后的结果中包含了数据清单表中所有行标题和列标题。

合并计算默认统计方式为求和，可以根据需要选择其他统计方式。

● 在"2016 中国轿车销售记录（素材）.xlsx"工作簿最后插入一张新工作表，并命名为"1-4 月中国轿车销售总量"。在"1-4 月中国轿车销售总量"工作表中，做出图 4-83 所示的效果。

图 4-83 "1-4 月中国轿车销售总量"效果

① 打开"2016 中国轿车销售记录（素材）.xlsx"工作簿，并在最后插入一张新工作表，重命名为"1-4 月中国轿车销售总量"。

② 在"1-4 月中国轿车销售总量"工作表中，输入相应的文本并设置相应的格式。

● 将"1 月中国轿车销量"、"2 月中国轿车销量"、"3 月中国轿车销量"、"4 月中国轿车销量"共 4 张工作表中的每种车型的总销售量，合并到"1-4 月中国轿车销售总量"工作表的相应位置。

① 在"1-4 月中国轿车销售总量"中，选择 D2 单元格。

② 单击"数据"选项卡"数据工具"组中的"合并计算"按钮，弹出"合并计算"对话框。

③ 在"引用位置"编辑框中选择"1 月中国轿车销量"工作表的 D2:E122 单元格区域。单击"添加"按钮，再选择"2 月中国轿车销量"工作表的 D2:E122 单元格区域，使用相同的方法再添加剩余两个表中的相应区域，在"标签位置"选项组中选中"首行"和"最左列"复选框，如图 4-84 所示，单击"确定"按钮，执行合并计算。

图 4-84 "合并计算"对话框

在 E 列显示出执行合并运算的结果，其计算过程为：在"1 月中国轿车销量"到"4 月中国轿车销量"共 4 张工作表中按照"车型"分类，对"总销售"量进行求和计算，并把结果放到"1-4 月中国轿车销售总量"表的 D、E 列。

● 使用 VLOOKUP 函数，在"汽车品牌信息"工作表中查找出每种车型对应的"所属厂商"和"所属品牌"，显示在"1-4 月中国轿车销售总量"工作表的相应位置。

① 为"汽车品牌信息"工作表中的 A2:C220 单元格区域定义名称"品牌"。

② 在"1-4 月中国轿车销售总量"工作表中，为 A3:A220 单元格区域填充"1，2，…，

179

218"。选择 B3 单元格，输入公式"=VLOOKUP（D3，品牌，3，FALSE）"，选择 C3 单元格，输入公式"=VLOOKUP（D3，品牌，2，FALSE）"。

③ 选择 B3:C3 单元格区域，拖动填充柄计算出其他车型所属的厂商和品牌。

④ 美化数据清单的格式，效果如图 4-77 所示。

4.6.2　分类汇总

在使用分类汇总时，首先对分类的字段进行排序，然后按照该字段进行分类汇总。

（1）单一分类汇总。

单一分类汇总是对数据清单中一个字段下的不同类别进行汇总。

● 复制"1-4 月中国轿车销售总量"工作表，并将副本重命名为"单一分类汇总"，在"单一分类汇总"工作表中，使用"分类汇总"统计每个厂商的汽车销售总量。

① 复制"1-4 月中国轿车销售总量"工作表，并将"1-4 月中国轿车销售总量（2）"重命名为"单一分类汇总"。

② 在"单一分类汇总"工作表中，对数据清单先按照"所属厂商"列进行升序排序。

③ 选择数据清单中的任一单元格，单击"数据"选项卡"分级显示"组中的"分类汇总"按钮，弹出"分类汇总"对话框。

④ 在"分类字段"下拉列表中选择"所属厂商"选项，在"汇总方式"下拉列表中选择"求和"选项，在"选定汇总项"列表中选中"总销量"复选框，如图 4-85 所示，单击"确定"按钮完成数据的分类汇总。

⑤ 单击工作表左上角的分级显示符号 2，隐藏分类汇总表中的明细数据行，结果如图 4-78 所示。

（2）嵌套分类汇总。

嵌套分类汇总首先按多个字段进行排序，在已经创建分类汇总的表格中再次对某个字段进行分类汇总。

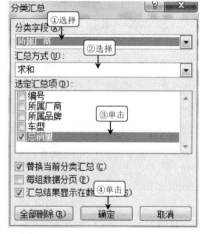

图 4-85　按"所属厂商"分类汇总

● 复制"1-4 月中国轿车销售总量"工作表，并将副本重命名为"嵌套分类汇总"，在"嵌套分类汇总"工作表中，使用"嵌套分类汇总"统计每种品牌所属厂商的销量总和。

① 复制"1-4 月中国轿车销售总量"工作表，并将"1-4 月中国轿车销售总量（2）"重命名为"嵌套分类汇总"。

② 在"嵌套分类汇总"工作表中，对数据清单先按照主要关键字"所属品牌"列进行升序排序，再按照次要关键字"所属厂商"升序排序。

③ 选择数据清单中的任一单元格，单击"数据"选项卡"分级显示"组中的"分类汇总"按钮，弹出"分类汇总"对话框。

④ 在"分类字段"下拉列表中选择"所属品牌"选项，在"汇总方式"下拉列表中选择"求和"选项，在"选定汇总项"列表中选中"总销量"复选框，如图 4-86 所示。

图 4-86 按"所属品牌"分类汇总

⑤ 在前面分类汇总的基础上，进行第二次分类汇总。再次弹出"分类汇总"对话框，其设置同图 4-85，但这时不要选中"替换当前分类汇总"复选框。

⑥ 单击"确定"按钮，隐藏分类汇总表中的明细数据行，其效果如图 4-79 所示。

4.6.3 建立数据透视表

数据透视表可以对现有的工作表进行汇总和分析。创建透视表可以按照不同的需求，依据不同的关系来提取和组织数据。

● 在"1-4 月中国轿车销售总量"工作表中，用"数据透视表"统计轿车每种品牌的销售量。

① 打开"1-4 月中国轿车销售总量"工作表。

② 将光标置于数据清单中任一单元格，单击"插入"选项卡"表格"组中的"数据透视表"下拉按钮，在弹出的下拉列表中选择"数据透视表"选项，弹出"创建数据透视表"对话框，保持默认设置不变，单击"确定"按钮，创建一个空白数据透视表，并在窗口右侧打开"数据透视表字段列表"窗格，进入数据透视表设计视图，如图 4-87 所示。

图 4-87 数据透视表设计视图

③ 在"选择要添加到报表的字段"列表中，用鼠标拖动"所属品牌"字段到"行标签"列表中，拖动"总销量"字段到"数值"列表中，完成数据透视表的创建。

④ 重命名数据透视表所在工作表的名称为"数据透视表"。

✎说明

（1）编辑数据透视表。

① 在数据透视表中增加字段：在"数据透视表字段列表"窗格的"选择要添加到报表的字段"列表中，用鼠标拖动字段名称到"在以下区域间拖动字段"中相应的布局列表框中即可。

② 在数据透视表中删除字段：在"数据透视表字段列表"窗格的"选择要添加到报表

的字段"列表中取消选中相应字段，或者在"在以下区域间拖动字段"中的几个布局列表中选择要删除的字段，用鼠标拖动到"选择要添加到报表的字段"列表中即可。

③ 在数据透视表中移动字段：选择要移动的字段并将其拖动到其他布局列表中即可。

（2）数据透视表值字段设置。

值字段是指添加到报表值区域中的字段。在"数据透视表字段列表"窗格中，"在以下区域间拖动字段"的"数值"列表中单击要更改汇总方式的字段右侧的下拉按钮，从弹出的下拉列表中选择"值字段设置"选项，弹出"值字段设置"对话框，如图4-88所示，在"值汇总方式"选项卡中选择需要的计算类型即可。

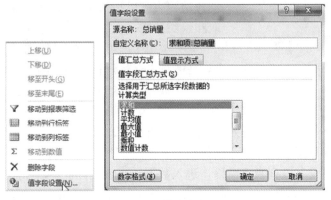

图 4-88　值字段设置

4.6.4　建立数据透视图

● 在"1-4月中国轿车销售总量"工作表中，用"数据透视表"统计轿车每种品牌个数。

① 打开"1-4月中国轿车销售总量"工作表。

② 将光标置于数据清单中任一单元格，单击"插入"选项卡"表格"组中的"数据透视表"下拉按钮，在弹出的下拉列表中选择"数据透视图"选项，弹出"创建数据透视表及数据透视图"对话框，保持默认设置不变，单击"确定"按钮，创建一个空白数据透视图。

③ 在"选择要添加到报表的字段"列表中，用鼠标拖动"所属品牌"字段到"轴字段（分类）"列表中，拖动"车型"字段到"数值"列表中，完成数据透视图的创建。

④ 重命名数据透视表所在工作表的名称为"数据透视图"，最终效果如图4-81所示。

任务 7　打印销售数据

任务描述

对现有工作簿中的工作表进行页面设置和打印设置，使打印出的数据满足工作需求。

任务分析

了解页面设置和打印设置的相关知识，进行相应设置，最后打印工作簿。

任务实施

4.7.1 页面设置

页面设置包括设置工作表的打印方向、页面宽度和高度、打印纸张的大小和打印页码等。

● 打开"2016 中国轿车销售记录（素材）.xlsx"工作簿，设置"数据透视图"工作表的页面方向为"横向"，居中方式为"水平居中"，页眉居中显示为"2016 中国轿车品牌的车型数。

① 打开"2016 中国轿车销售记录（素材）.xlsx"工作簿，选择"数据透视图"工作表。

② 单击"页面布局"选项卡"页面设置"组右下角的对话框启动器 ，弹出如图 4-89 所示的"页面设置"对话框。

图 4-89 "页面设置"对话框

③ 在"页面"选项卡中，选中"方向"选项组中的"横向"单选按钮。

④ 在"页边距"选项卡中，选中"居中方式"选项组中的"水平"复选框。

⑤ 在"页眉/页脚"选项卡中，单击"自定义页眉"按钮，弹出"页眉"对话框，在"中"编辑框中输入"2016中国轿车品牌的车型数"，如图 4-90 所示。单击"确定"按钮，完成页眉的编辑。

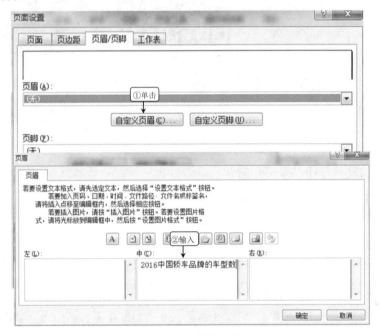

图 4-90　编辑页眉

⑥ 单击"文件"选项卡中的"打印"按钮，在打印窗口的右侧预览工作表打印效果。如果对打印效果不满意，单击其他选项卡，可以对工作表继续编辑。

● 在"1-4 月中国轿车销售总量"工作表中，设置页面水平居中；页眉居右显示，内容为日期；页脚格式为"第 1 页，共?页"；设置在每页顶端打印标题行。

① 选择"1-4 月中国轿车销售总量"工作表。

② 单击"页面布局"选项卡"页面设置"组"页边距"按钮，从弹出的下拉列表中选择"自定义边距"选项，弹出"页面设置"对话框。

③ 在"页边距"选项卡"居中方式"选项组中选中"水平"复选项。

④ 在"页眉/页脚"选项卡中单击"自定义页眉"按钮，弹出"页眉"对话框，将光标置于"右"编辑框中，单击"插入日期"按钮，单击"确定"按钮，返回到"页面设置"对话框。

⑤ 在"页脚"下拉列表中选择"第 1 页，共?页"选项。

⑥ 在"工作表"选项卡中，在"顶端标题行"编辑框中选择"1-4 月中国轿车销售总量"工作表的第 2 行。此时在"顶端标题行"编辑框中显示"$2:$2"。

⑦ 单击"确定"按钮，完成页面设置，预览工作表，效果如图 4-91 所示。

⑧ 将设置好的工作簿重命名为"2016 中国轿车销售记录.xlsx"。

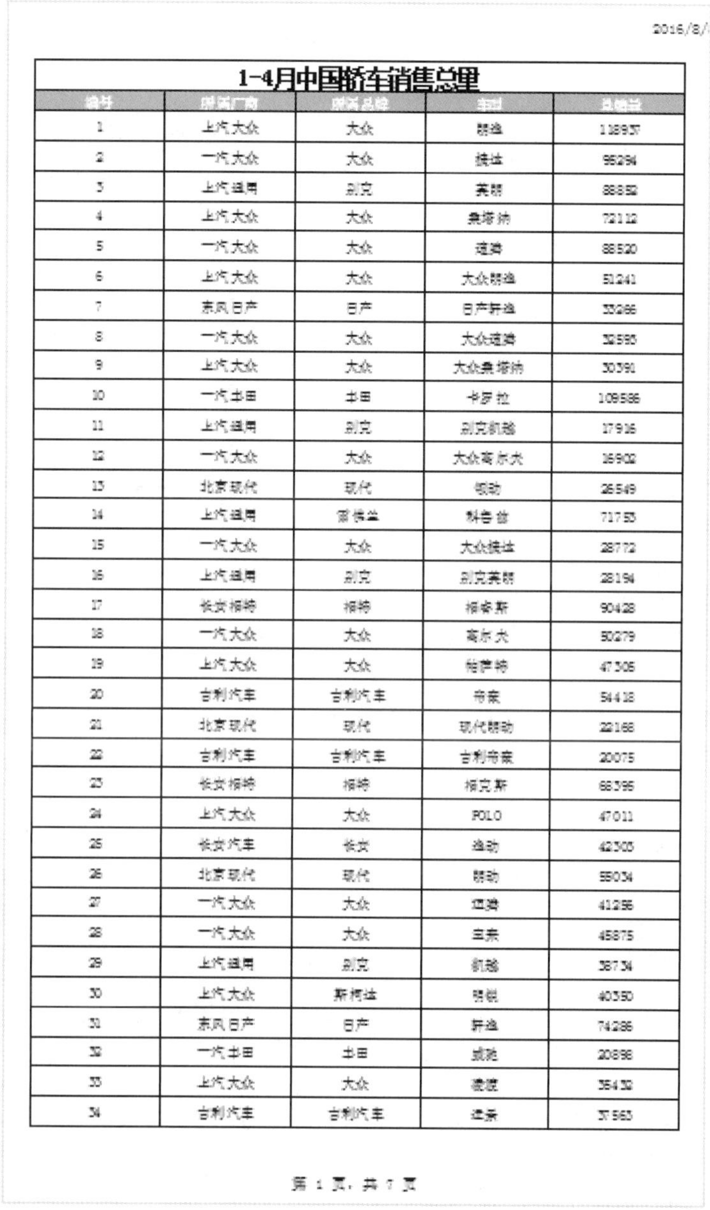

2016/8/

1-4月中国轿车销售总量				
编号	所属厂商	所属品牌	车型	总销量
1	上汽大众	大众	朗逸	118937
2	一汽大众	大众	捷达	95294
3	上汽通用	别克	英朗	88852
4	上汽大众	大众	桑塔纳	72112
5	一汽大众	大众	速腾	88520
6	上汽大众	大众	大众朗逸	51241
7	东风日产	日产	日产轩逸	33266
8	一汽大众	大众	大众速腾	32595
9	上汽大众	大众	大众桑塔纳	30391
10	一汽丰田	丰田	卡罗拉	109586
11	上汽通用	别克	别克凯越	17916
12	一汽大众	大众	大众高尔夫	16902
13	北京现代	现代	领动	26549
14	上汽通用	雪佛兰	科鲁兹	71753
15	一汽大众	大众	大众捷达	28772
16	上汽通用	别克	别克英朗	28194
17	长安福特	福特	福睿斯	90428
18	一汽大众	大众	高尔夫	50279
19	上汽大众	大众	帕萨特	47306
20	吉利汽车	吉利汽车	帝豪	54418
21	北京现代	现代	现代朗动	22168
22	吉利汽车	吉利汽车	吉利帝豪	20075
23	长安福特	福特	福克斯	68395
24	上汽大众	大众	POLO	47011
25	长安汽车	长安	逸动	42305
26	北京现代	现代	朗动	55034
27	一汽大众	大众	迈腾	41256
28	一汽大众	大众	宝来	45875
29	上汽通用	别克	凯越	38734
30	上汽大众	斯柯达	明锐	40350
31	东风日产	日产	轩逸	74286
32	一汽丰田	丰田	威驰	20898
33	上汽大众	大众	凌渡	35432
34	吉利汽车	吉利汽车	远景	37563

第 1 页，共 7 页

图 4-91 “1-4 月中国轿车销售总量”工作表的打印预览效果

4.7.2 打印工作表

如果对预览的效果比较满意，就可以正式打印了，具体操作步骤如下。

- 将“2016 中国轿车销售记录.xlsx”工作簿中的每个工作表打印 2 份。

① 打开“2016 中国轿车销售记录.xlsx”工作簿。

② 单击“文件”选项卡中的“打印”按钮，打开“打印”面板。

③ 在“份数”数值框中输入“2”。

④ 单击"设置"下方的"打印范围"下拉按钮，从弹出的下拉列表中选择"打印整个工作簿"选项，如图 4-92 所示。

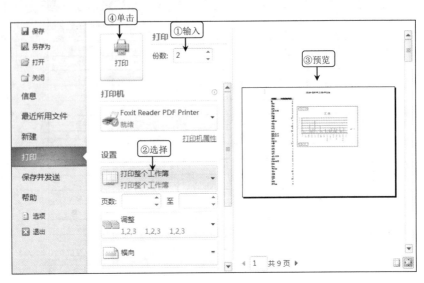

图 4-92 "打印"面板

⑤ 单击"打印"按钮，开始打印工作簿。

任务 8　任务体验

1．任务

使用 Excel 2010 对学生数据进行排版、计算、统计和分析。

2．目标

（1）熟悉工作簿、工作表、单元格的概念，掌握工作簿数据输入方法。

（2）掌握工作表的格式化设置。

（3）掌握常用函数与公式的使用。

（4）了解相对地址和绝对地址的概念。

（5）掌握图表的创建、编辑与美化。

（6）了解数据清单的含义。

（7）掌握数据排序、筛选的方法。

（8）了解分类汇总的概念，掌握分类汇总的方法。

（9）了解数据透视表的概念，掌握数据透视表的创建方法。

3．思路

步骤一：制作成绩表

① 将"学生成绩统计与分析（素材）.xlsx"另存为"学生成绩统计与分析.xlsx"。

② 选择“成绩表”工作表，参考“学生信息.docx”文件提供的信息，在A3:A47单元格区域输入学生的学号。

③ 设置“成绩表”的标题在A1:M1单元格区域居中显示，字号为“18”，字体加粗。

④ 设置表头A2:M2单元格区域的底纹为“深蓝，文字2，淡色60%”。

⑤ 设置A2:M49单元格区域的格式，字号为“10”，水平居中，垂直居中。

⑥ 设置第1行的行高为“30”，A1:M49单元格区域的行高为“23”，列宽为最适合列宽。

⑦ 为A1:M49单元格区域添加边框，设置内框线为虚线┈┈┈┈，外框线为粗线━━━，效果如图4-93所示。

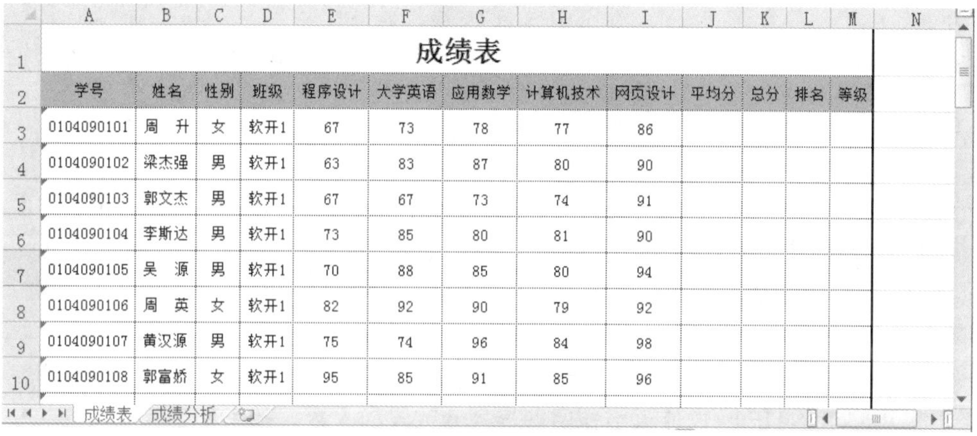

	A	B	C	D	E	F	G	H	I	J	K	L	M	N
1	成绩表													
2	学号	姓名	性别	班级	程序设计	大学英语	应用数学	计算机技术	网页设计	平均分	总分	排名	等级	
3	0104090101	周　升	女	软开1	67	73	78	77	86					
4	0104090102	梁杰强	男	软开1	63	83	87	80	90					
5	0104090103	郭文杰	男	软开1	67	67	73	74	91					
6	0104090104	李斯达	男	软开1	73	85	80	81	90					
7	0104090105	吴　源	男	软开1	70	88	85	80	94					
8	0104090106	周　英	女	软开1	82	92	90	79	92					
9	0104090107	黄汉源	男	软开1	75	74	96	84	98					
10	0104090108	郭富桥	女	软开1	95	85	91	85	96					

图4-93 “成绩表”效果

步骤二：计算成绩表

① 选择“成绩表”工作表。

② 使用AVERAGE函数计算每个学生的平均分。

③ 使用SUM函数计算每个学生的总分。

④ 使用RANK函数和总分列计算每个学生的排名。

⑤ 使用IF嵌套函数计算每个学生的平均分对应的等级，其中平均分和等级的对应关系如表4-3所示。

表4-3 分数与等级对应关系表

分　数	等　级
分数>=90	优秀
90>分数>=80	良好
80>分数>=60	一般
分数<60	不及格

⑥ 使用MAX函数计算每门课程的最高分。

⑦ 使用MIN函数计算每门课程的最低分，最终效果如图4-94所示。

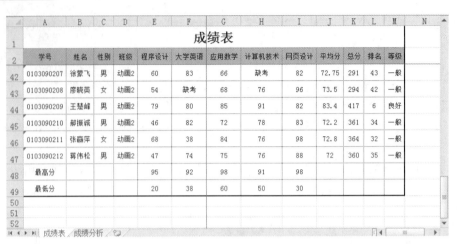

	A	B	C	D	E	F	G	H	I	J	K	L	M	N
1						成绩表								
2	学号	姓名	性别	班级	程序设计	大学英语	应用数学	计算机技术	网页设计	平均分	总分	排名	等级	
42	0103090207	徐蒙飞	男	动画2	60	83	66	缺考	82	72.75	291	43	一般	
43	0103090208	廖晓英	女	动画2	54	缺考	68	76	96	73.5	294	42	一般	
44	0103090209	王慧峰	男	动画2	79	80	85	91	82	83.4	417	6	良好	
45	0103090210	郝振诚	男	动画2	46	82	72	78	83	72.2	361	34	一般	
46	0103090211	张赢萍	女	动画2	68	38	84	76	98	72.8	364	32	一般	
47	0103090212	蒋伟松	男	动画2	47	74	75	76	88	72	360	35	一般	
48	最高分				95	92	98	91	98					
49	最低分				20	38	60	50	30					

图 4-94 "成绩表"最终效果

步骤三：统计成绩分析

① 从"成绩表"工作表中，将 5 门课程的最高分和最低分引用到"成绩分析"工作表。

② 选择"成绩分析"工作表。

③ 使用 COUNTA 函数计算出各门课程的应考人数。

④ 使用 COUNT 函数计算出各门课程的参考人数。

⑤ 使用公式：缺考人数=应考人数-参考人数，计算出各门课程的"缺考人数"。

⑥ 使用 COUNTIF 函数计算出各门课程各分数段的人数。效果如图 4-95 所示。

	A	B	C	D	E	F	G
1				成绩分析			
2	课程	程序设计	大学英语	应用数学	计算机技术	网页设计	
3	最高分	95	92	98	91	98	
4	最低分	20	38	60	50	30	
5	应考人数	45	45	45	45	45	
6	参考人数	44	43	44	42	45	
7	缺考人数	1	2	1	3	0	
8	90-100（人）	2	1	5	1	25	
9	70-90（人）	12	33	31	35	19	
10	及格率	89%	93%	100%	95%	98%	

图 4-95 "成绩分析"效果

步骤四：制作图表

① 在"成绩分析"工作表中，根据"缺考人数"、"90-100"和"70-90"各分数段人数制作图表，要求如下：图表类型为"簇状圆柱图"；主要横坐标轴显示"课程"类别，标题为"科目"；主要纵坐标轴显示"人数"，标题为"人数"；图表标题为"各分数段人数对比图"。

② 移动"各分数段人数对比图"图表到新的工作表，并为新的工作表重命名为"各分数段人数对比图"。

③ 为"各分数段人数对比图"图表使用图表样式"样式 30"，并设置图表标题格式为"楷体，18 号，加粗"，效果如图 4-96 所示。

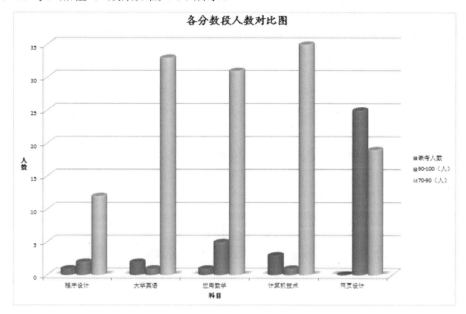

图 4-96　"各分数段人数对比图"效果

步骤五：管理数据

① 为"成绩表"工作表创建 4 个副本，并分别重命名为"简单排序"、"多字段排序"、"自动筛选"、"高级筛选"。

② 同时选择上述 4 张工作表，全部清除 A48:M49 单元格区域中的所有属性（包括内容、格式等）。

③ 在"简单排序"工作表中，设置按"性别"升序排序。

④ 在"多字段排序"工作表中，设置按照"班级"升序排序，"班级"相同时按照"学号"升序排序。

⑤ 在"自动筛选"工作表中，筛选出姓名以"李"开头或以"峰"结尾，总分在 380～450，排名前 10 名的男生，效果如图 4-97 所示。

图 4-97　"自动筛选"效果

⑥ 在"高级筛选"工作表中，筛选出动画 1 班前 10 名的女生或动画 2 班前 10 名的男生，如图 4-98 所示。

	班级	性别	排名										
49													
50	动画1	女	<=10										
51	动画2	男	<=10										
52													
53	学号	姓名	性别	班级	程序设计	大学英语	应用数学	计算机技术	网页设计	平均分	总分	排名	等级
54	0103090109	方建莹	女	动画1	95	70	84	81	93	84.6	423	5	良好
55	0103090209	王慧峰	男	动画2	79	80	85	91	82	83.4	417	6	良好
56													

图 4-98 "高级筛选"效果

步骤六：分析数据

① 为"成绩表"工作表创建 2 个副本，并分别重命名为"单一分类汇总"和"嵌套分类汇总"。

② 同时选择上述 2 张工作表，全部清除 A48:M49 单元格区域中的所有属性。

③ 在"单一分类汇总"工作表中，使用分类汇总求出每门课程的男女生平均分，使用 ROUND 函数，使总计值保留两位小数，效果如图 4-99 所示。

	成绩表											
2	学号	姓名	性别	班级	程序设计	大学英语	应用数学	计算机技术	网页设计	平均分	总分	排名	等级
33			男 平均值		65.45	78.57	77.41	76.11	87.8				
49			女 平均值		70.93	70.93	70.93	70.93	70.93				
50			总计平均值		67.32	76.02	75.2	74.3	82.18				

图 4-99 对"成绩表"进行单一分类汇总

④ 在"嵌套分类汇总"工作表中，使用嵌套分类汇总计算出每个班男女生各门课程的平均分，效果如图 4-100 所示。

	A	B	C	D	E	F	G	H	I	J	K	L	M
1				成绩表									
2	学号	姓名	性别	班级	程序设计	大学英语	应用数学	计算机技术	网页设计	平均分	总分	排名	等级
13	10		男 计数										
19	5		女 计数										
20	15			动画1 计数									
29	8		男 计数										
34	4		女 计数										
35	12			动画2 计数									
41	5		男 计数										
45	3		女 计数										
46	8			软开1 计数									
54	7		男 计数										
58	3		女 计数										
59	10			软开2 计数									
60	45			总计数									

图 4-100 对"成绩表"进行嵌套分类汇总

⑤ 使用数据透视表分析“成绩表”中每个班男女生人数，设置数据透视表使用“数据透视表样式中等深浅 3”，效果如图 4-101 所示。

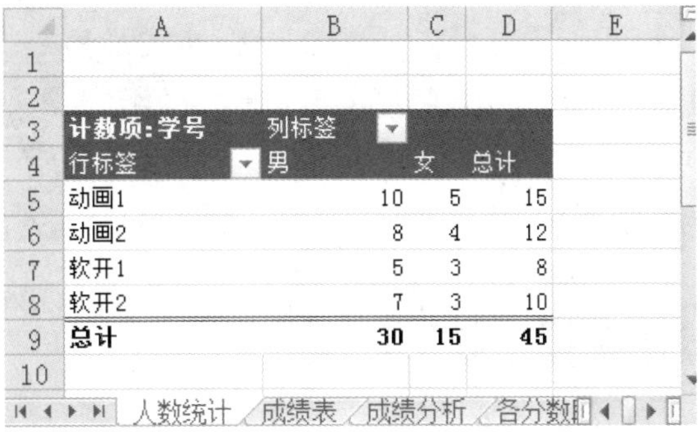

计数项:学号	列标签		
行标签	男	女	总计
动画1	10	5	15
动画2	8	4	12
软开1	5	3	8
软开2	7	3	10
总计	**30**	**15**	**45**

图 4-101　使用数据透视表对数据进行分析效果

⑥ 重命名数据透视表所在的工作表为“人数统计”。

第5章 PowerPoint 2010 演示文稿制作

任务 1　制作公司宣传手册

任务描述

本任务主要利用 PowerPoint 2010 的样本模板创建一个"公司宣传手册"演示文稿。其效果如图 5-1 所示。

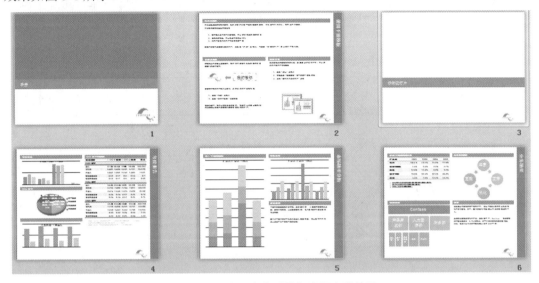

图 5-1 "公司宣传手册"演示文稿效果

任务分析

对于一个没有任何 PPT 制作经验的用户来说,利用模板创建演示文稿是最快捷、最方便的方法。但要想深入学习如何制作演示文稿,还是要从启动 PowerPoint 2010、新建演示文稿、保存和打开演示文稿等一系列的基本操作入手。

相关知识

1. 演示文稿和幻灯片

所谓演示文稿,就是用 PowerPoint 2010 创建的扩展名为.pptx 的文件,是由若干张幻灯片组合而成的,在幻灯片中可以插入文字、声音、图像等内容。演示文稿和幻灯片之间的关系犹如一本书和书中的页之间的关系,一本书由若干页装订而成,每页中可以显示文字、图片、图表等,将所有页按一定的顺序组织起来,表达一个完整的意思。PPT 是 PowerPoint 文件的简称,PPT 的应用场合有很多,如销售展示、工作汇报、产品发布、培训等场景。

2. 制作演示文稿的前期准备

在拿到一份资料以后,该怎样把它制作成演示文稿呢?好的演示文稿不仅要有良好的外观,还要有明确的结构、清晰的条理。

(1)分析。

分析原始资料,确定内容的相关性和目的;分析观众,确定观众的期待、感受和兴趣。

(2)构思。

根据分析结果，确定演示文稿的主题和结构。

主题是演讲的灵魂，是演讲目标、信息个性和观众心理三要素的统一体现。在确定主题时，应从观众的角度出发，选择出对观众有意义、有价值，受观众欢迎的主题。

结构即信息的呈现方式，一个合理的结构，可以使演示文稿的内容显得条理清晰，反之，则让观众不知所云，甚至连演讲者自己也会自乱阵脚。下面是几种常用的结构，如图5-2所示。

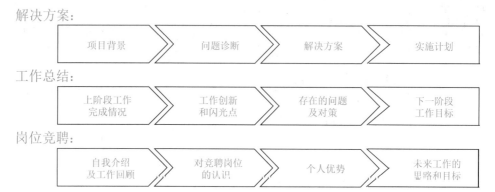

图 5-2　演示文稿的结构

（3）收集素材。

素材通常是指文本素材、图片或模板类素材。平时注意积累，关注网络上一些PPT达人的微博和博客，可以得到最新的PPT素材和技巧，同时也应关注某些行业领域工作的人的博客和微博，以便第一时间获取行业和市场信息；对于职场新人，在制作公司相关演示文稿时应参考公司以前的文档和演示文稿，以了解公司的运营情况、行文规范和风格等。

3．制作演示文稿的基本原则

在制作演示文稿时，必须遵循一定的设计原则才能制作出一个美观的PPT。

（1）中心明确，突出重点。

演示文稿常常是演讲者的辅助工具，应强调关键信息，确保关键信息被观众注意，而非信息堆砌。

（2）逻辑清晰。

逻辑清晰、流畅才能抓住观众的注意力，这里的逻辑清晰不仅指整个演示文稿逻辑清晰，还要保证每张幻灯片中的内容呈现逻辑化。

（3）风格统一。

风格统一是指不同幻灯片的图形、图像、文本等对象在使用时保持一致性和相似性。保证演示文稿风格统一的最好办法是重复，包括标题、正文、强调等格式及细节元素的不断重复。

任务实施

5.1.1　新建演示文稿

● 使用模板，新建一个"公司宣传手册"演示文稿，其操作步骤如下。

① 启动 PowerPoint 2010。PowerPoint 2010 窗口如图 5-3 所示。

图 5-3　PowerPoint 2010 窗口

② 单击"文件"选项卡中的"新建"按钮,选择"样本模板"选项,显示已经安装的模板。

③ 在"可用的模板和主题"列表中选择"选择手册"选项,单击"创建"按钮,即可根据当前选定的模板创建演示文稿,如图 5-4 所示。

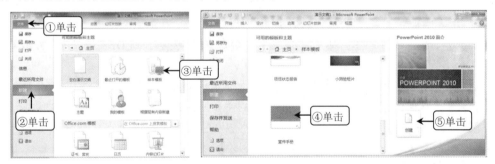

图 5-4　选择已经安装的模板

✎说明

　　创建演示文稿的方法有多种,常用的方法有空白演示文稿、样本模板、主题和Office.com 模板。其中"空白演示文稿"不带任何设计,只有布局格式的白底幻灯片,给用户提供了大量的创作空间;而"样本模板"和"Office.com 模板"提供了建议内容和设计方案,是创建演示文稿最迅速的方法;用"主题"创建的演示文稿,具有统一的风格,和"样本模板"相比少了建议性内容。

5.1.2 保存演示文稿

● 保存"公司宣传手册"演示文稿。

① 单击快速访问工具栏中的"保存"按钮，弹出"另存为"对话框，在对话框左侧的导航窗格中找到文件的保存位置。

② 在"文件名"组合框中输入文件名"公司宣传手册"。单击"保存"按钮，保存文档，PowerPoint 2010 在保存文档时的默认扩展名为".pptx"，如图 5-5 所示。

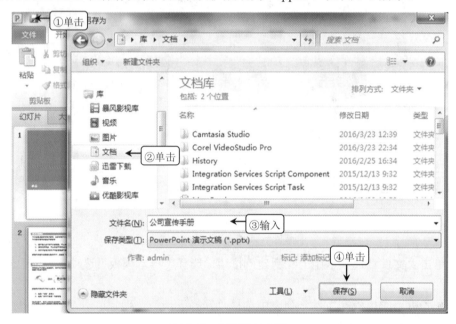

图 5-5　保存演示文稿

◆技巧

在"另存为"对话框中，如果选择演示文稿的保存类型为"PDF"，可以将演示文稿转换为 PDF 格式。

PDF 全称为 Portable Document Format，译为可移植文档格式，是一种电子文件格式。这种文件格式与操作系统平台无关，即 PDF 文件在 Windows、UNIX、Mac OS 操作系统中都是通用的。这一性能使它成为在 Internet 上进行电子文档发行和数字化信息传播的理想文档格式。越来越多的电子图书、产品说明、公司文告、网络资料、电子邮件开始使用 PDF 格式文件。

5.1.3 关闭演示文稿

● 关闭"公司宣传手册"演示文稿。

单击"文件"选项卡中的"关闭"按钮，即可关闭"公司宣传手册"演示文稿。

✎说明

如果对演示文稿的更改尚未保存，关闭时则会弹出提示对话框，询问是否保存所做修改，如图 5-6 所示。

图 5-6　关闭演示文稿提示对话框

5.1.4　打开演示文稿

● **打开"公司宣传手册"演示文稿。**

单击"文件"选项卡中的"打开"按钮，弹出"打开"对话框。选中"公司宣传手册.pptx"演示文稿，单击"打开"按钮，如图 5-7 所示。

图 5-7　打开演示文稿

◇技巧

为避免不小心的失误对原件造成影响，应以副本或只读方式打开该文件，其操作方式如下。

在"打开"对话框中，单击"打开"下拉按钮，从弹出的下拉列表中选择文档的打开方式。

5.1.5　查看演示文稿

● **将"公司宣传手册"演示文稿的视图方式切换为幻灯片浏览视图。**

打开(O)
以只读方式打开(R)
以副本方式打开(C)
在浏览器中打开(B)
在受保护的视图中打开(P)
打开并修复(E)

图 5-8　选择文件的打开方式

单击"视图"选项卡"演示文稿视图"组中的"幻灯片浏览"按钮，或单击状态栏中的"幻灯片浏览"按钮，即可切换到幻灯片浏览视图，如图 5-9 所示。

图 5-9　切换到幻灯片浏览视图

✎说明

视图是指在使用 PowerPoint 2010 制作演示文稿时窗口的显示方式。PowerPoint 2010 为用户提供了普通视图、幻灯片浏览视图、备注页视图、阅读视图和幻灯片放映视图。

① 普通视图：在普通视图里，幻灯片、大纲和备注窗格被集中到一个视图中，如图 5-10 所示。

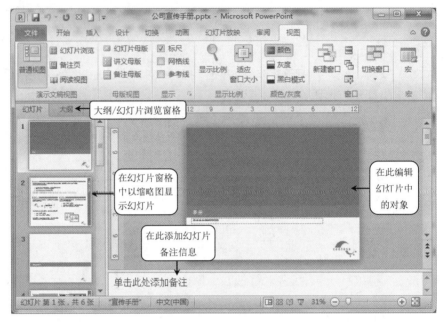

图 5-10　普通视图

● 大纲窗格，在该窗格中可以键入文本，但这里显示的文本是在幻灯片占位符中输入的文本，自定义文本框中的文本在这里看不到。

● 幻灯片窗格，在该窗格中，幻灯片以缩略图方式排列，用以检查各个幻灯片前后是否协调，可以在幻灯片之间添加、删除和移动幻灯片，也可以查看单张幻灯片的外观，并在单张幻灯片中编辑文本、图片、影片和声音等对象。

● 备注窗格，可以添加备注信息，在每一张幻灯片的下方可以编辑。

② 幻灯片浏览视图：在该视图中可以同时显示多张幻灯片，方便对幻灯片的移动、复制、删除等操作。

③ 阅读视图：在该视图中，将幻灯片调整为适应窗口大小放映查看。

④ 幻灯片放映视图：在该视图中，每张幻灯片按顺序全屏幕放映，可以观看动画和超链接效果。按 Enter 键或单击将显示下一张幻灯片，按 ESC 键结束演示文稿放映。

⏣技巧

默认情况下，PowerPoint 2010 启动后的视图是普通视图。打开已经存在的演示文稿，其视图是最后保存时的视图。如果用户想在每次打开演示文稿时都以自己常用或喜欢的视图显示，则可以对 PowerPoint 2010 的默认视图进行设置，如图 5-11 所示。

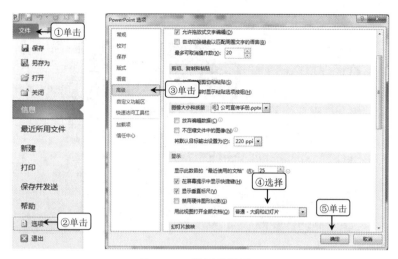

图 5-11 设置默认视图

任务 2 制作年终述职报告

任务描述

本任务主要创建一个以文字为主的演示文稿，效果如图 5-12 所示。虽然演示文稿非常注重效果，但是演示文稿的核心依然是文本，因为文本是用户信息交流的重要工具之一。

图 5-12 "年终述职报告"演示文稿效果

任务分析

本任务从字体、段落设计入手，了解常用字体设计和搭配，以及段落格式的常规设置；然后输入文本，设置文本的字体格式和段落格式；根据需要，掌握幻灯片管理的一些基本操作，如添加、删除、复制、粘贴、移动幻灯片等操作。

相关知识

1. 占位符

顾名思义，占位符就是先占住一个固定的位置，让用户往里面添加内容，用于幻灯片上，就表现为一个虚框，虚框内部往往有"单击此处添加标题"之类的提示语，一旦单击之后，提示语会自动消失。在自定义模板时，占位符能起到规划幻灯片结构的作用。PPT的占位符共有 5 种类型，分别是标题占位符、文本占位符、数字占位符、日期占位符和页脚占位符，可在幻灯片中对占位符进行设置。

2. 幻灯片版式

幻灯片版式是幻灯片内容的布局结构，由占位符组成，不同的占位符中可以放置不同的对象。

3. 字体设计

文字是 PPT 最基本的组成元素之一，决定着一套演示文稿的精美度。因此选择一款好的字体，对于用户，势在必行。字体的种类繁多，但大体可分为衬线字体和非衬线字体，此种分类方法是西方人提出的概念，同样适用于汉字。

衬线字体是一种艺术字体，在每笔的起点和终点会有很多修饰效果，且笔画粗细有所不同，注重文字之间的搭配，代表字体有宋体、楷体、仿宋、行楷等。此类字体清秀润泽，具有亲和力，比较适合讲述轻松话题的场所。

非衬线字体是指粗细相等，没有修饰，笔画简洁，不太漂亮，但很有冲击力，容易辨认的字体，代表字体有黑体、幼圆、雅黑等。因为此种字体比较严肃、庄重，所以比较适用于正式的工作报告、项目提案等场合中。

在进行字体设计时，也应考虑场合和放映场景。若会场较大、观众较多，多采用无衬线字体，因为字的修饰过多会干扰文字的辨识。

不管使用哪种字体，在同一演示文稿中最好不要超过 3 种字体，否则给观众眼花缭乱之感。

4. 段落设计

对于阅读型和介绍型的演示文稿，幻灯片中常常需要大量的文字，对于大量文字的排版，字与字之间、行与行之间、段与段之间常需要留出一定的间隔。一般演示文稿的字间距保持默认即可，行间距一般设置为 1.2～1.5 倍，段间距一定要比行间距大一些。

任务实施

5.2.1 输入幻灯片文本

向幻灯片中添加文本最简单的方法是直接将文本插入到占位符中，如果要在占位符之外的位置输入文本，则需要先插入文本框。另外也可通过大纲窗格向幻灯片中输入文本。

● 在空白演示文稿中，插入"2015 年述职报告.docx"文档，并保存为"年终述职报告"。

① 启动 PowerPoint 2010 程序，新建一个空白演示文稿。

② 单击"开始"选项卡"幻灯片"组中的"新建幻灯片"下拉按钮，在弹出的下拉列表中选择"幻灯片（从大纲）"选项。

③ 弹出"插入大纲"对话框，选择要插入的 Word 文档，如图 5-13 所示。

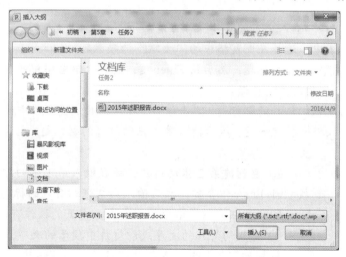

图 5-13 "插入大纲"对话框

④ 单击"插入"按钮，即可在当前演示文稿中插入新增加的幻灯片，如图 5-14 所示。

⑤ 单击左侧的大纲窗格，将插入点置于第 3 张幻灯片"目录"的后面，按 Enter 键，插入一张新的幻灯片，并让用户输入第 4 张幻灯片的标题。

⑥ 在新行中右击，在弹出的快捷菜单中选择"降级"命令，或按 Tab 键，使插入点向右缩进，输入第 3 张幻灯片中的文本，如图 5-15 所示。

⑦ 保存演示文稿，名字为"年终述职报告"。

✐说明

（1）要在演示文稿中插入 Word 文档中的内容，首先在 Word 中输入要创建为幻灯片的内容；再切换到 Word 的大纲视图下，对不同的段落应用不同的级别，如幻灯片的标题设

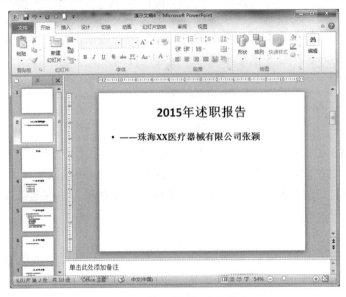

置为 1 级，幻灯片的文本设置为 2 级或 3 级；最后保存关闭文档。

图 5-14 插入新增加的幻灯片

图 5-15 为"目录"幻灯片添加文本

（2）在大纲窗格中输入文本的具体操作方法如下。

① 在普通视图中，选择左侧窗格中的"大纲"选项卡。

② 输入第 1 张幻灯片的标题，然后按 Enter 键，此时大纲窗格中新建一张幻灯片，同时让用户输入第 2 张幻灯片的标题。

③ 要输入第 1 张幻灯片的副标题，右击该行，在弹出的快捷菜单中选择"降级"命令，或按 Tab 键，然后输入第 1 张幻灯片的副标题，此时第 2 张幻灯片消失。

图 5-16 快捷菜单

④ 要创建第 2 张幻灯片，请在输入第 1 张幻灯片的副标题后，按 Ctrl+Enter 组合键，然后输入第 2 张幻灯片的标题。

（3）要在大纲窗格中管理文本，常见的操作有以下几种。

① 更改幻灯片的次序或幻灯片中段落的次序，其方法如下。

● 拖动幻灯片图标或段落项目符号上下移动。

● 定位于需要调整次序的幻灯片或段落中并右击，在弹出的快捷菜单中选择"上移"或"下移"命令，如图 5-16 所示。

② 更改当前段落的大纲级别，其方法如下。

● 在图 5-16 所示的快捷菜单中选择"升级"或"降级"命令。

● 单击"开始"选项卡"段落"组中的"降低列表级别"按钮 或"提高列表级别"按钮 。

③ 折叠和展开大纲，其方法如下。

● 在图 5-15 所示的快捷菜单中选择"折叠"或"展开"命令，如果选择"全部折叠"或"全部展开"命令，可以将所有幻灯片的正文全部折叠或展开。

● 双击某一张幻灯片的图标，可以"折叠"或"展开"该幻灯片的正文。

5.2.2 管理幻灯片

在制作演示文稿时，根据需要可以插入、删除和复制幻灯片。

因为在新建演示文稿时，会创建一张空白的标题幻灯片，此演示文稿不需要该幻灯片，所以将其删除。另外，在幻灯片的最后还需要再添加一张幻灯片，显示演讲结束的感谢语。

● 删除第 1 张幻灯片，并在演示文稿的最后插入一张新的幻灯片。

① 在幻灯片窗格中，选择第 1 张幻灯片按 Delete 键，或右击第 1 张幻灯片，在弹出的快捷菜单中选择"删除幻灯片"命令，将第 1 张幻灯片删除。

② 单击第 9 张幻灯片。

③ 按 Ctrl+M 组合键，或单击"开始"选项卡"幻灯片"组中的"新建幻灯片"按钮，在第 9 张幻灯片之后插入一张新的幻灯片。

对于一个演示文稿来说，第 1 张幻灯片一般是标题幻灯片，犹如一本书的封面，说明演示的主题。

✍说明

在向演示文稿中添加幻灯片时，不仅可以插入新幻灯片，也可以插入其他演示文稿中的幻灯片。

① 在幻灯片浏览视图中，将光标置于幻灯片插入点。

② 单击"开始"选项卡"幻灯片"组中的"新建幻灯片"下拉按钮，在弹出的下拉列表中选择"重用幻灯片"选项。

③ 在窗口右侧的"重用幻灯片"窗格中单击"浏览"按钮，在弹出的下拉列表中选择"浏览文件"选项，弹出"浏览"对话框，选择演示文稿，单击"打开"按钮，演示文稿中所有幻灯片将显示在"重用幻灯片"窗格中。

④ 在"重用幻灯片"窗格中单击相应的幻灯片，被选择的幻灯片随即插入到当前演示文稿中。

● 更改第 1 张幻灯片的版式为"标题幻灯片"，最后一张幻灯片的版式为"仅标题"。

① 选择第 1 张幻灯片，单击"开始"选项卡"幻灯片"组中的"版式"按钮，从弹出的下拉列表中选择"标题幻灯片"版式，此时第 1 张幻灯片的标题和副标题分别显示在占位符的位置。

② 按照同样的方法，选择第 10 张幻灯片，应用"仅标题"版式。

● 在最后一张幻灯片的占位符中输入特殊符号"✿"和文本"THANK YOU!!"。

① 选择第 10 张幻灯片，在幻灯片窗格中，拖动"单击此处添加标题"占位符到幻灯片的垂直居中位置。

② 输入特殊符号"✿"和文本"THANK YOU!!"，效果如图 5-17 所示。

图 5-17 第 10 张幻灯片效果

⚘技巧

如果要在演示文稿中插入已经制作好的幻灯片，可以通过复制粘贴操作大大提高工作效率。在幻灯片的浏览视图下，复制源演示文稿中的幻灯片，粘贴到目标演示文稿中。同时在该视图下移动、删除幻灯片也很方便。

5.2.3　设置文本字体格式

为幻灯片中的文字设置合适的字体、字号和颜色，可以使幻灯片的效果更好。

● 将第 1～10 张幻灯片中的标题设置为"微软雅黑，44 号"，颜色为"RGB(0，128，0)"；第 1 张幻灯片的副标题设置为"楷体，32 号"，颜色为"RGB(102，153，0)"。

① 选择第 1 张幻灯片的标题"2015 年述职报告"，单击"开始"选项卡"字体"组中的"字体"下拉按钮，弹出"字体"下拉列表，选择"微软雅黑"字体。

② 单击"开始"选项卡"字体"组中的"字号"组合框，输入"44"，然后按 Enter 键。

③ 单击"开始"选项卡"字体"组中的"字体颜色"下拉按钮，弹出"字体颜色"下拉列表，如图 5-18 所示。

④ 选择"其他颜色"选项，弹出"颜色"对话框，切换到"自定义"选项卡，输入 RGB(0,128,0)，如图 5-19 所示。

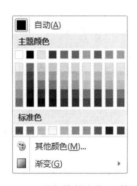

图 5-18　"字体颜色"下拉列表　　　　　　　　图 5-19　"颜色"对话框

⑤ 按照设置第 1 张幻灯片标题的方法，设置其他幻灯片标题和副标题的字体格式。

● 将第 2～10 张幻灯片中的一级文本设置为"华文中宋，32 号"，颜色为"RGB(0,102,0)"，二级文本设置为"楷体，28号"，颜色为"RGB(51,153,102)"；三级文本设置为"华文新魏，24 号"，颜色为"RGB(0,204,153)"。

操作步骤略。

5.2.4　设置文本段落格式

用户可以设置文本段落的对齐方式、段落的缩进、段间距和行间距等。

● 设置第 2～10 张幻灯片中所有文本的对齐方式为"两端对齐"，行距为"1.2 倍行距"；设置第 2 张幻灯片中一级文本的项目符号为"一.二.……"；其他幻灯片中一级文本的项目符号为"■"，二级文本的项目符号为"➢"，三级文本的项目符号为"✓"；取消第 9

张幻灯片中二级文本的项目符号,并设置首行缩进 2 字符。

① 选择第 2 张幻灯片中的一级文本。

② 单击"开始"选项卡"段落"组中的"两端对齐"按钮 ▤。

③ 单击"开始"选项卡"段落"组中的"行距"按钮,在弹出的下拉列表中选择"行距选项"选项,弹出"段落"对话框。

④ 在"缩进与间距"选项卡"间距"选项组中,单击"行距"下拉按钮,在弹出的下拉列表中选择"多倍行距"选项,在"设置值"微调框中输入"1.2",单击"确定"按钮,将选择的文本设置为 1.2 倍行距,如图 5-20 所示。

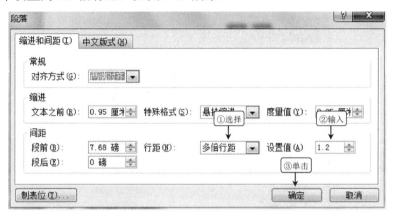

图 5-20 "段落"对话框

⑤ 单击"开始"选项卡"段落"组中的"编号"下拉按钮,在弹出的下拉列表中选择"象形编号,宽句号"选项,如图 5-21 所示。

⑥ 选择第 3 张幻灯片中的一级文本,单击"开始"选项卡"段落"组中的"项目符号"下拉按钮,在弹出的下拉列表中选择"带填充效果的大方形项目符号"选项,如图 5-22 所示。

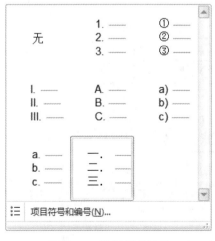

图 5-21 设置段落编号

图 5-22 更改项目符号

⑦ 按照相同方法,设置其他文本的段落格式。

⑧ 制作完毕，单击"保存"按钮，完成整个演示文稿的制作。

♤技巧

PowerPoint 2010 预设的项目符号只有 6 种，如果对这些项目符号都不满意，可以自定义项目符号，其步骤如下。

① 选择需要设置项目符号的段落。

② 单击"开始"选项卡"段落"组中的"项目符号"下拉按钮，在弹出的下拉列表中选择"项目符号和编号"选项，弹出"项目符号和编号"对话框，单击"自定义"按钮，如图 5-23 所示。

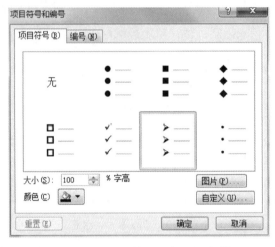

图 5-23   "项目符号和编号"对话框

③ 弹出"符号"对话框，在"字体"下拉列表中选择符号类型，在符号列表中选择要使用的项目符号，单击"确定"按钮，使用选择的符号作为项目符号，如图 5-24 所示。

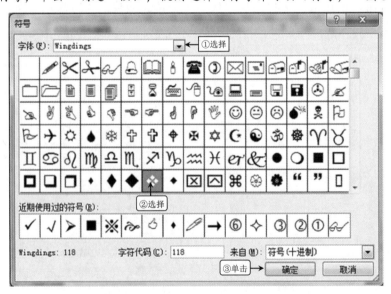

图 5-24   "符号"对话框

◇技巧

如果用户在占位符中输入的内容过多以致占位符无法容纳时，占位符的大小不会改变，占位符中的文本会改变大小。用户可以单击文本框左下角弹出的"自动调整选项"按钮 ⯐ 来决定如何处理文本，如图 5-25 所示。

◌	根据占位符自动调整文本(A)
◉	停止根据此占位符调整文本(S)
	将文本拆分到两个幻灯片(T)
	在新幻灯片上继续(N)
	将幻灯片更改为两列版式(C)
⯑	控制自动更正选项(O)...

图 5-25　利用"自动调整选项"处理文本

① 根据占位符自动调整文本：调节文本大小，自动适应占位符，该选项是默认值。

② 停止根据此占位符调整文本：只在当前占位符内停止根据占位符的大小调整文本。

③ 将文本拆分到两个幻灯片：生成新的幻灯片，自动将部分文本移到下一幻灯片中。

④ 在新幻灯片上继续：生成新的幻灯片，正文标题内呈现可以输入文本的状态。

⑤ 将幻灯片更改为两列版式：将当前占位符中的正文排版为两列格式。

⑥ 控制自动更正选项：弹出"自动更正"对话框，选择"键入时自动套用格式"选项卡，可以选中或撤选输入文本时是否应用某些格式。

任务 3　完善年终述职报告

任务描述

本任务在纯文本演示文稿的基础上，通过 PowerPoint 2010 自带的功能，对其进行美化修饰，效果如图 5-26 所示。

图 5-26　完善后的"年终述职报告"最终效果

任务分析

文本在演示文稿中固然重要，但总让人感觉平淡，因此通过在幻灯片中添加图片、艺术字、图形、超链接、图表、声音等，可使幻灯片更加生动有趣和富有吸引力。

相关知识

超链接是从一个对象指向另一个目标对象的连接关系，在 PowerPoint 2010 中，超链接本身可以是文本、图形、图片等对象，链接到的目标对象可以是网页、幻灯片、文件或电子邮件地址等。

任务实施

5.3.1　插入图片

为了让演示文稿更加美观，经常需要在幻灯片中插入剪贴画和图片。剪贴画是由专业的美术家设计的，而图片来源丰富，常用的格式有以下 4 种。

JPG：其特点是图像色彩丰富，压缩率极高，节省存储空间，只是图片的精度固定，在拉大时清晰度会降低。

GIF：其特点是压缩率不高，相对 JPG 格式文件，图像色彩也不够丰富，但是一张图片可以存多张图像，可以用来做一些简单的动画。

PNG：一种较新的图像文件格式，其特点是图像清晰，背景一般透明，文件也比较小。

AI：矢量图的一种，矢量图的基本特点是图像可以任意放大或缩小，但不影响显示效果。

● 设置标题幻灯片的背景图片为"标题背景.jpg"，其他幻灯片背景图片设置为"正文背景.jpg"。在"目录"幻灯片中插入"述职.png"图片，效果如图 5-27 所示。

① 打开演示文稿"年终述职报告(素材).pptx"。

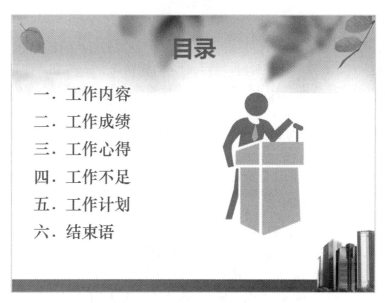

图 5-27 插入图片后的"目录"幻灯片效果

② 在第 1 张幻灯片中右击，在弹出的快捷菜单中选择"设置背景格式"命令，弹出"设置背景格式"对话框，如图 5-28 所示。

图 5-28 "设置背景格式"对话框

③ 选中"图片或纹理填充"单选按钮，单击"文件"按钮，选择要插入的图片"正文背景.jpg"，单击"全部应用"按钮，将选择的图片应用到所有的幻灯，单击"关闭"按钮，

完成幻灯片背景设置。

　　④ 再次右击第 1 张幻灯片，按照相同的方法设置标题幻灯片的背景图片，不同的是在"设置背景格式"对话框中插入图片时，插入的是"标题背景.jpg"图片；且不要单击"全部应用"按钮，而直接单击"关闭"按钮，将选择的图片仅应用到第 1 张幻灯片中。

　　⑤ 切换到"目录"幻灯片，单击"插入"选项卡"图像"组中的"图片"按钮，弹出"插入图片"对话框，选择"述职.png"图像，将该图像插入到当前幻灯片中。

　　⑥ 单击"图片工具|格式"选项卡"调整"组中的"颜色"按钮，在弹出的下拉列表中选择"重新着色"类别中的"橄榄色，强调文字颜色 3，浅色"选项，如图 5-29 所示。

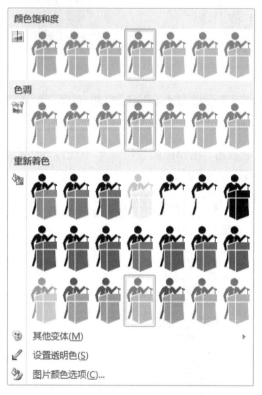

图 5-29　重新着色

　　⑦ 调整图片大小，并将图片移动到合适的位置，完成图像操作，最终效果如图 5-27 所示。

☞技巧

　　图片会使演示文稿增大，为减小文件大小，不仅可以对指定的图片进行压缩，还可以在保存时对所有演示文稿的图片进行压缩，其步骤如下。

　　① 在"另存为"对话框中，单击"工具"按钮，在弹出的下拉列表中选择"压缩图片"选项，弹出"压缩图片"对话框，如图 5-30 所示。

　　② 选择输出的分辨率，单击"确定"按钮，即可对演示文稿中的所有图片进行压缩。

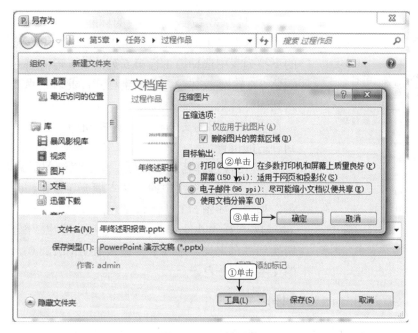

图 5-30 压缩图片

5.3.2 插入艺术字

艺术字一般应用于幻灯片的标题和需要重点讲解的部分，但是在一张幻灯片中不宜添加太多艺术字，要视情况而定，太多反而会影响演示文稿的整体风格。

● 将第 1 张幻灯片的标题"2015 年述职报告"制作成艺术字，要求艺术字样式为"填充-橄榄色，强调文字颜色 3，轮廓-文本 2"，文本填充颜色为"RGB(0，128，0)"，如图 5-31 所示。

图 5-31 插入艺术字

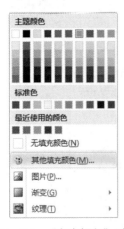

图 5-32　"文本颜色"列表

① 选择第 1 张幻灯片中的标题 "2015 年述职报告"，单击 "插入" 选项卡 "文本" 组中的 "艺术字" 按钮，在弹出的下拉列表中选择第 1 行第 5 列的 "填充-橄榄色，强调文字颜色 3，轮廓-文本 2" 艺术字样式，此时艺术字标题就被插入到幻灯片中。

② 删除旧的文本标题，并将新插入的艺术字标题移动到合适的位置。

③ 再次选择艺术字标题，单击 "绘图工具|格式" 选项卡 "艺术字样式" 组中的 "文本填充" 按钮，弹出 "文本颜色" 列表，如图 5-32 所示。

④ 选择 "其他填充颜色" 选项，弹出 "颜色" 对话框，切换到 "自定义" 选项卡，输入 RGB(0,128,0)，设置艺术字的文本填充颜色。

5.3.3　插入 SmartArt 图形

SmartArt 图形可用于表达信息或观点之间的相互关系，通过不同形式和布局的图形代替枯燥的文字。在 PowerPoint 2010 中常见的 SmartArt 图形包括列表、流程、循环、层次结构、关系等很多分类。

● 将第 2 张 "目录" 幻灯片中的目录用 SmartArt 图形中的 "垂直曲形列表" 表示，并使用 "彩色轮廓-强调文字颜色 3"，效果如图 5-33 所示。

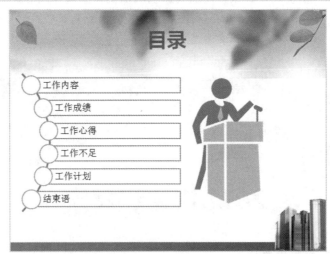

图 5-33　"目录" 幻灯片

① 将 "目录" 幻灯片中的文本删除。

② 单击 "插入" 选项卡 "插图" 组中的 "SmartArt" 按钮，弹出 "选择 SmartArt 图形" 对话框。

③ 选择 "列表" 类别中的 "垂直曲形列表" 选项，单击 "确定" 按钮，插入 SmartArt

图形，如图 5-34 所示。

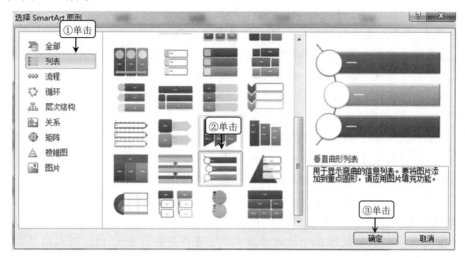

图 5-34 "选择 SmartArt 图形"对话框

④ 选择图形里面的第一个形状，单击"SmartAtr 工具|设计"选项卡"创建图形"组中的"添加形状"下拉按钮，在弹出的下拉列表中选择"在前面添加形状"选项，在图形中添加形状。按照相同的方式，再添加另外两个形状。

⑤ 右击图形中第一个形状，在弹出的快捷菜单中选择"编辑文字"命令，输入目录中的相应文本。按照相同的方式，为其他形状添加文本。

⑥ 选择图形，单击"SmartArt 工具|设计"选项卡"SmartArt 样式"组中的"更改颜色"按钮，在弹出的"SmartArt 颜色"列表中选择"强调文字颜色 3"类别中的"彩色轮廓-强调文字颜色 3"样式，为图形应用样式，如图 5-35 所示。

⑦ 调整和移动 SmartArt 图形的位置和大小。

图 5-35 "SmartArt 颜色"列表

📖说明

PowerPoint 2010 提供的 SmartArt 图形类别有很多，如何选择合适的 SmartArt 图形，对于增强图形可视化效果和数据的说服力极其重要。

① 列表：通常用于显示无序信息。

② 流程：通常用于在流程或计划表中显示步骤。

③ 循环：通常用于显示连续的流程。

④ 层次结构：通常用于显示等级层次信息。

⑤ 关系：通常用于描绘多个信息之间的关系。

⑥ 矩阵：通常用于显示各部分如何和整体关联。

⑦ 棱锥图：通常用于显示与顶部或底部最大部分的比例关系。

⑧ 图片：通常用于居中显示以图片表示的构思，相关的构思显示在旁边。

选择 SmartArt 图形时，还要考虑文字量，因为文字量通常决定了所需图形中形状的个数。文字量太大或太少导致形状个数太多或太少，这样会分散 SmartArt 图形的视觉吸引力，使图形难以直观地传达信息。

5.3.4　超链接

在演示文稿的放映过程中，如果需要从一张幻灯片跳转到另一张幻灯片，可以通过添加超链接实现。

● 为"目录"幻灯片中的文本添加超链接，分别链接到同名标题所在的幻灯片中。

① 在"目录"幻灯片中选择文本"工作内容"所在的图形。

② 单击"插入"选项卡"链接"组中的"超链接"按钮，弹出"插入超链接"对话框。

③ 在"链接到："选项组中选择"本文档中的位置"选项，在"请选择文档中的位置"列表中选择幻灯片标题为"一.工作内容"。此时，在"幻灯片预览"区域显示了所选幻灯片的缩略图，单击"确定"按钮，插入超链接，如图 5-36 所示。

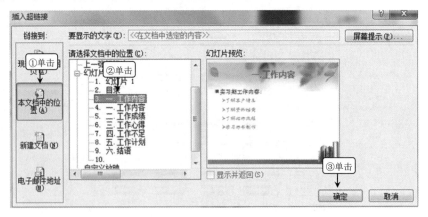

图 5-36　"插入超链接"对话框

④ 单击"幻灯片放映"按钮，观看放映效果。当鼠标指针经过"目录"幻灯片"一.工作内容"所在的图形时，鼠标指针变成了小手的形状。单击该形状，幻灯片就跳转到标题为"一.工作内容"的幻灯片中。

⑤ 用相同的方法为其他图形创建超链接，以便在放映的过程中可以通过超链接跳转到同名标题所在的幻灯片中。

✐**说明**

为文本、图片、图表等对象添加超链接的方法类似于为图形添加超链接的方法。

如果要编辑超链接，可以在超链接上右击，在弹出的快捷菜单中选择"打开超链接"命令，可以测试超链接的跳转情况；选择"编辑超链接"命令，可以弹出"编辑超链接"对话框，对超链接进行编辑；选择"取消超链接"命令，可以删除超链接。

在文本上添加超链接时，文本将按照主题指定的颜色显示。如果要改变默认的超链接文本颜色，可以单击"设计"选项卡"主题"组的"颜色"按钮，弹出"主题颜色"下拉列表，选择"新建主题颜色"选项，重新设置超链接文本的颜色。

如果在某个标题的幻灯片内容讲完后，返回"目录"，选择另一个标题内容讲解，需要在幻灯片中添加返回目录功能。

● 在第 4～9 张幻灯片的底端添加一个自定义的"返回目录"按钮，如图 5-37 所示。

返回目录

图 5-37　自定义返回按钮

① 选择第 4 张幻灯片。

② 单击"插入"选项卡"插图"组中的"形状"按钮，弹出"形状"下拉列表，如图 5-38 所示。在底部的"动作按钮"类别中提供了多种动作按钮，这些按钮上的图形都是易理解的常用符号，将鼠标指针在按钮上暂停片刻，便会显示该按钮相应的含义。

③ 选择"动作按钮：自定义"选项，鼠标指针变为十字形，在幻灯片的右侧底端按住鼠标左键画出一个按钮形状，随即弹出"动作设置"对话框，选中"超链接到"单选按钮，单击相应的下拉按钮，在弹出的下拉列表中选择"幻灯片…"选项。

④ 在弹出的"超链接到幻灯片"对话框中，选择标题为"目录"的幻灯片，单击"确定"按钮，如图 5-39 所示。再单击"动作设置"对话框中的"确定"按钮，自定义按钮便添加到幻灯片中。

⑤ 右击该按钮，在弹出的快捷菜单中选择"编辑文字"命令，在按钮图形上输入"返回目录"文本，以明确按钮的含义。调整按钮的位置和大小，并应用形状样式"强烈效果-橄榄色，强调颜色 3"，效果如图 5-37 所示。

⑥ 复制按钮到其他幻灯片，完成超链接的添加操作。

在 PowerPoint 2010 中，除了可以链接到本文档中的幻灯片，还可以链接到新建文件、电子邮件、网页等对象。

图 5-38　"形状"下拉列表

图 5-39　设置动作按钮

5.3.5　插入表格

在幻灯片中，有些信息或数据不能单纯用文字或图片来表示，在信息或数据比较繁多的情况下，可以用表格将数据分门别类地存放，使数据显得清晰。

● 在标题为"二.工作成绩"的幻灯片中添加表格，效果如图 5-40 所示。

图 5-40　含有表格的幻灯片

① 选择标题为"二.工作成绩"的幻灯片。

② 单击"插入"选项卡"表格"组中的"表格"按钮，在弹出的下拉列表中选择"插入表格…"选项。

图 5-41 "插入表格"对话框

③ 在弹出的"插入表格"对话框中输入行数和列数，如图 5-41 所示。单击"确定"按钮，即插入一个 6 行 8 列的表格。

④ 参照图 5-40 输入表格内容，并适当地设置字符格式、段落格式；适当地调整行高和列宽；根据需要合并单元格。

⑤ 选择整个表格，在"表格工具|设计"选项卡"表格样式"组中选择"浅色样式 2-强调 3"表格样式。

⑥ 单击"表格工具|布局"选项卡"对齐方式"组中的"垂直居中"按钮，将所有单元格内容的对齐方式设置为垂直居中；单击"居中"按钮，设置所有单元格内容水平对齐方式为居中。

⑦ 移动表格到合适的位置。

✎ 说明

（1）在 PowerPoint 2010 中编辑和美化表格的方式和在 Word、Excel 中相似。

（2）在 PowerPoint 2010 中创建表格的方法有以下几种。

① "插入"选项卡"表格"组中的"表格"按钮。

② 在带有"内容占位符"版式的幻灯片中单击"插入表格"按钮。

③ 复制其他程序（如 Word、Excel 等）创建的表格到幻灯片中，或通过 PowerPoint 2010 插入对象的功能插入到幻灯片中。

5.3.6 插入图表

使用图表可以轻松地体现数据之间的关系，为了便于对数据进行分析比较，可以在 PowerPoint 2010 中制作图表型的幻灯片。

● 制作含有图表的幻灯片，效果如图 5-42 所示。

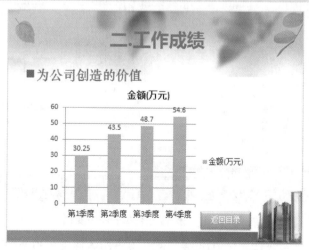

图 5-42 含有图表的幻灯片

① 在标题为"二.工作成绩"幻灯片的后面插入一张版式为"标题和内容"的幻灯片。

② 在"标题占位符"中输入文本"二.工作成绩"；在"内容占位符"中输入文本"为公司创造的价值"。

③ 为幻灯片中的标题和文本分别设置相应的字符格式和段落格式。

④ 单击"插入"选项卡"插图"组中的"图表"按钮，弹出"插入图表"对话框，选择"簇状柱形图"选项，单击"确定"按钮，系统自动启动 Excel，如图 5-43 所示。

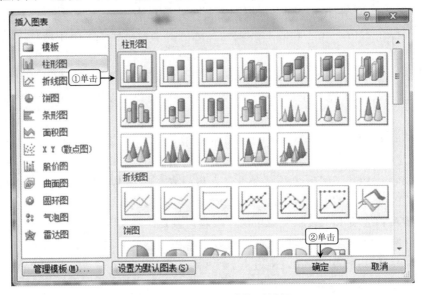

图 5-43　"插入图表"对话框

⑤ 将"图表素材.xlsx"中的表格复制到打开的 Excel 数据表中。此时，图表随着数据表同步变化，如图 5-44 所示。

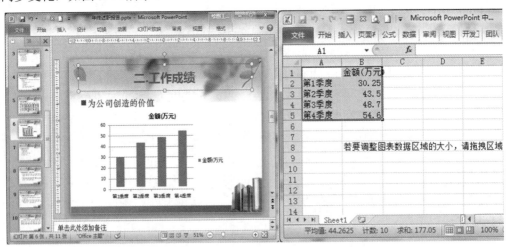

图 5-44　图表随着数据表同步变化

⑥ 选择图表，选择"图表工具|设计"选项卡"图表样式"组中的"样式 5"样式美化图表。

⑦ 移动图表到幻灯片合适的位置，保存演示文稿。

✎说明

（1）在 PowerPoint 2010 中编辑和美化图表的方式和在 Excel 中相似。

（2）在 PowerPoint 2010 中创建图表的方法有以下几种。

① "插入"选项卡"插图"组中的"图表"按钮。

② 在带有"内容占位符"版式的幻灯片中单击"插入图表"按钮。

③ 复制 Excel 中制作好的图表，粘贴到幻灯片中。

5.3.7　插入图形

在 PowerPoint 2010 中提供了线条、几何形状、箭头、公式形状等图形，用户可以使用这些工具绘制出各种需要的图形。

● 在最后一张幻灯片中添加一个图形，效果如图 5-45 所示。

① 选择演示文稿中的最后一张幻灯片。

② 单击"插入"选项卡"插图"组中的"形状"按钮，在
弹出的下拉列表中选择"基本形状"类别中的"太阳形"选项。

③ 此时鼠标指针呈＋形状，按住 Shift 键绘制一个正太阳
形。

④ 使用同样的方法再绘制一个笑脸，并移动该笑脸到太阳
形状的正中心。

⑤ 同时选择太阳和笑脸图形，选择"绘图工具|格式"选
项卡"形状样式"组中的"中等效果-橄榄色，强调颜色 3"样
式，美化图形。

图 5-45　图形

⑥ 再次选择两个图形，然后右击图形，在弹出的快捷菜单中选择"组合"命令，使两
个图形组合成一个图形。

🖑技巧

在选择绘制图形时，在需要选择绘制的图形上右击，在弹出的快捷菜单中选择"锁定
绘图模式"命令，可以连续绘制所选形状。

5.3.8　插入声音

演示文稿并不是一个无声的世界，为了介绍幻灯片中的内容，可以在幻灯片中插入解
说录音；为了突出整个演示文稿的气氛，可以为演示文稿添加背景音乐。

● 为演示文稿添加背景音乐。

① 选择第 1 张幻灯片。

② 单击"插入"选项卡"媒体"组中的"音频"按钮，在弹出的下拉列表中选择"文
件中的音频"选项，弹出"插入音频"对话框。

③ 选择需要播放的声音文件"背景音乐.mp3"，单击"插入"按钮。

在第一张幻灯片中出现一个小喇叭图标，按 F5 键，播放幻灯片，发现音乐不会自动播

放，需要单击小喇叭才能播放音乐，并且当放映到第 2 张幻灯片时便停止了播放，因此需要音频对象进行编辑。

④ 选择音频对象，单击"音频工具|播放"选项卡"音频选项"组中的"开始"下拉按钮，在弹出的下拉列表中选择"跨幻灯片播放"选项，并选中"放映时隐藏"复选框，如图 5-46 所示。

图 5-46　设置音频

⑤ 由于是背景音乐，音量不能太大，因此需要调小音量。单击"音量"按钮，在弹出的下拉列表中选择"低"选项。

⑥ 保存演示文稿。

除了可以在幻灯片中可以插入音频文件外，还可以插入视频文件，其方法和插入音频文件的方法相似。

📎说明

在幻灯片中不仅可以插入外部声音，还可以插入"联机音频"和"录音"。添加"联机音频"的方法和添加外部声音的方法一样，添加"录音"的方法如下。

① 单击"插入"选项卡"媒体"组中的"音频"按钮，在弹出的下拉列表中选择"录制音频"选项。

② 弹出"录音"对话框，在"名称"文本框中输入录音的名称，单击●按钮，可以开始通过麦克风进行录音，如图 5-47 所示。

图 5-47　"录音"对话框

③ 录制完成后单击 ■ 按钮，停止录制，单击 ▶ 按钮可以播放刚录制的声音，确认无误后，单击"确定"按钮，即可将录音插入到幻灯片中。

任务 4　制作教学课件

任务描述

一个完美的演示文稿，除了创意和漂亮的素材外，还需要动静结合，外观统一，给人以灵动、规范、标准的感觉。本任务通过主题、母版、动画效果等功能设计演示文稿，效果如图 5-48 所示。

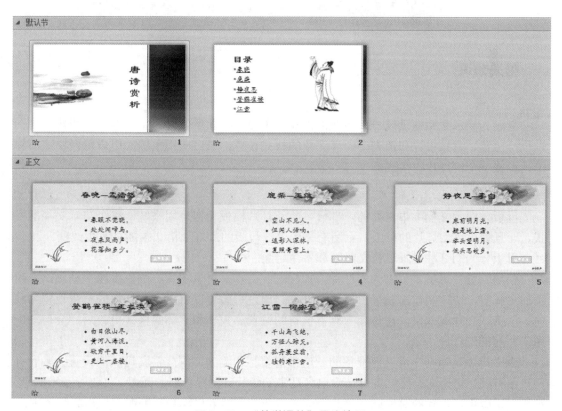

图 5-48　"教学课件"最终效果

任务分析

在全民注重工作效率的今天，怎么又专业又快速地制作一个风格统一而又个性的演示文稿是本任务要解决的问题。本节从最简单的演示文稿主题入手，了解什么是演示文稿的统一风格，怎么做到快速统一风格。然后学习母版，利用母版对主题进行相应修改或新建主题以实现演示文稿的个性化设置，为了增加演示文稿的动态效果，还要学习和掌握动画效果的设置以及幻灯片切换效果的设置，最后了解幻灯片的页面设置。

相关知识

1. 主题

主题为演示文稿提供统一、专业的外观，主要包括项目符号、字体格式、段落格式、占位符位置、背景设计和填充等一套完整的格式设置。通过应用主题，用户可以快速而轻松地设置整个幻灯片的格式。

2. 母版

母版是演示文稿中很重要的一部分，与幻灯片模板相似，用来统一整个演示文稿的格式，一旦修改了幻灯片的母版，则所有采用这一母版的幻灯片格式也随之发生改变。

母版分为幻灯片母版、讲义母版和备注母版。

使用幻灯片母版，可以为幻灯片添加标题、文本、背景图片、颜色主题、动画，修改页眉页脚等，快速制作出属于自己的幻灯片。通过母版可以将所有幻灯片的背景设置为纯色、渐变或图片等效果，在母版中对占位符的位置、大小和字体等格式更改后，会自动应用于所有的幻灯片。

讲义母版是为制作讲义而准备的，通常需要打印输出，因此讲义母版的设置大多和打印页面有关。它允许设置一页讲义中包含几张幻灯片，设置页眉、页脚、页码等基本信息。在讲义母版中插入新的对象或者更改版式时，新的页面效果不会反映在其他母版视图中。

备注母版主要用来设置幻灯片的备注格式，一般也是用来打印输出的，所以备注母版的设置大多也和打印页面有关。

3. 动画

动画是幻灯片中的精华，演示文稿中有了动画，犹如插上翅膀的鸟，增加幻灯片的趣味性，吸引人们的眼球。在 PowerPoint 2010 中，动画可以分为两类：一类是针对幻灯片切换的动画，一类是针对幻灯片中各对象的动画。在添加动画的同时还可以为动画添加声音。

任务实施

5.4.1 为幻灯片分节

为演示文稿分节是 PowerPoint 2010 中新增的功能，主要用来简化大型幻灯片的管理操作。用户可以将同一类幻灯片组织为一个节，将整个幻灯片划分为相对独立的部分，可以命名节，可以删除节，不同节中的幻灯片可以设置不同的主题、不同的动画效果等。

●在"唐诗赏析(素材).pptx"演示文稿的"春晓—孟浩然"幻灯片前插入节分隔标记，将演示文稿分为 2 个节，效果如图 5-49 所示。

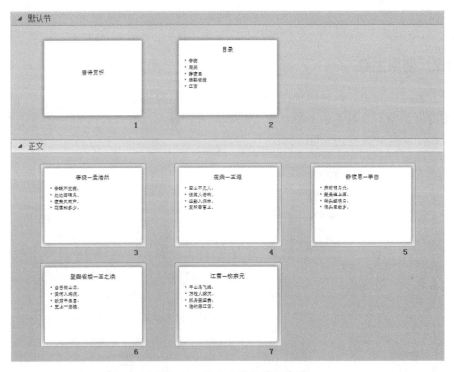

图 5-49 分为 2 节的演示文稿

① 打开演示文稿"唐诗赏析（素材）.pptx"，并切换到幻灯片浏览视图，选择"春晓—孟浩然"幻灯片。

② 单击"开始"选项卡"幻灯片"组中的"节"按钮，在弹出的下拉列表中选择"新增节"选项。在幻灯片浏览窗格中，在"春晓—孟浩然"幻灯片的上方增加了一个名为"无标题节"的节分隔标记。

③ 右击节标记，在弹出的快捷菜单中选择"重命名节"命令，弹出"重命名节"对话框，在"节名称"文本框中输入"正文"，单击"重命名"按钮，如图 5-50 所示。

④ 双击"正文"节标记或单击节标记左侧的三角形图标 ◢ 或 ▷ ，可以折叠或展开属于该节的所有幻灯片。当将"节"折叠时，"正文"节标记右侧括号中的数字表示该节所包

含的幻灯片张数。

图 5-50　重命名节

5.4.2　使用主题

使用主题可以为幻灯片快速地统一背景、图案、色彩搭配、字体样式等。

● 使用"复合"主题美化"默认节"的幻灯片，使用"暗香扑面"主题美化"正文"节的幻灯片，效果如图 5-51 所示。

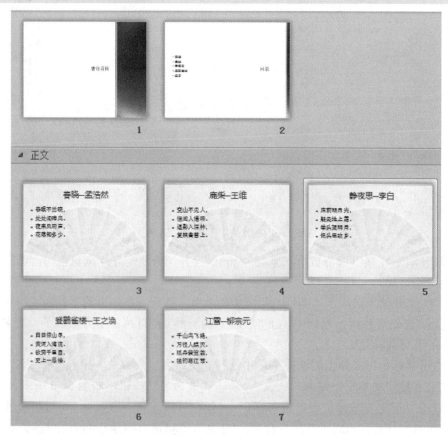

图 5-51　应用主题后的幻灯片

① 单击"默认节"标记，同时选择标题和目录幻灯片。

② 单击"设计"选项卡"主题"组中的"选择主题"列表右下角的"其他"按钮，弹出下拉列表，在"所有主题"列表的"内置"类别中选择"复合"主题，如图 5-52 所示。

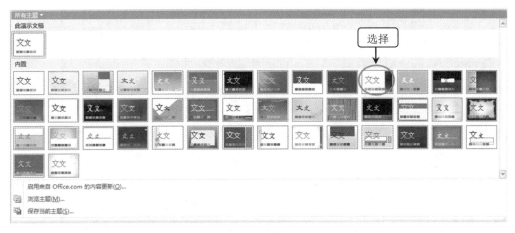

图 5-52　选择"复合"主题

③ 单击"正文"节标记，选择"正文"节所有的幻灯片，按照相同的方法应用"暗香扑面"主题。

根据需要下面进一步对主题的样式进行修饰和编辑。

● 修改"复合"主题和"暗香扑面"主题的字体为"跋涉"；修改"暗香扑面"主题的颜色为"灰度"。

① 单击"默认节"标记。

② 单击"设计"选项卡"主题"组中的"字体"下拉按钮，在弹出的下拉列表中选择"跋涉"选项，如图 5-53 所示。

③ 使用相同的方法修改"暗香扑面"主题的字体也为"跋涉"。

④ 单击"颜色"下拉按钮，在弹出的下拉列表中选择"灰度"选项。

✎说明

（1）如果要保存修改后的主题，可以在图 5-52 中选择"保存当前主题"选项，在弹出的"保存当前主题"对话框中输入文件名"课件"，如图 5-54 所示。单击"保存"按钮。在"所有主题"列表的"自定义"类别中将增加一个"课件"主题。

（2）如果要取消添加的主题效果，可以在"所有主题"列表的"内置"类别中选择"Office 主题"选项。

（3）如果只对选定的幻灯片应用主题，可以在选定的主

图 5-53　主题字体列表

225

题上右击，在弹出的快捷菜单中选择"应用于选定幻灯片"命令。

图 5-54　"保存当前主题"对话框

● 更改"正文"节的所有幻灯片的背景样式。

① 单击"正文"节标记，选择"正文"节所有的幻灯片。

② 单击"设计"选项卡"背景"组中的"背景样式"按钮，在弹出的下拉列表中选择"样式 6"选项，如图 5-55 所示，将所选背景应用到正文节中的所有幻灯片。

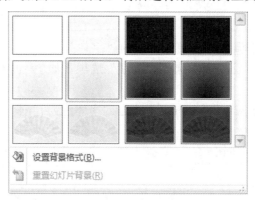

图 5-55　设置幻灯片背景样式

● 在"默认节"相应幻灯片中插入图片、超链接，并修改字体的样式、占位符的位置和超链接的颜色等，效果如图 5-56 所示。

① 删除标题幻灯片中的副标题，然后将标题的字体设置为"54 号，竖排，居中对齐"，调整标题占位符的大小，并将其移动到合适的位置。

② 在标题幻灯片中插入图片"标题.jpg"，将图片置于底层，并将图片移动到合适的位置。

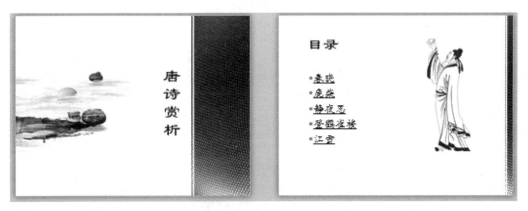

图 5-56　"默认节"幻灯片效果

③ 选择"目录"幻灯片，设置标题字体的大小为"48 号"，文本字体的大小为"32 号"，然后将标题占位符和文本占位符移动到合适的位置。

④ 为目录中每行文本添加超链接，分别链接到相应标题的幻灯片。

⑤ 超链接的颜色和幻灯片的颜色有点不匹配，因此再次单击"设计"选项卡"主题"组中的"颜色"下拉按钮，在弹出的下拉列表中选择"新建主题颜色"选项，弹出"新建主题颜色"对话框，分别设置"超链接"颜色为"黑色"，"已访问超链接"的颜色为"白色，文字 1，深色 50%"。在"名称"文本框中输入"课件"，保存主题颜色，如图 5-57 所示。

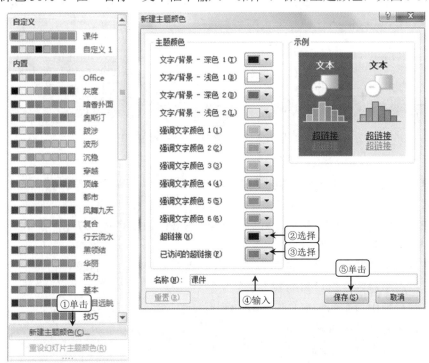

图 5-57　新建主题颜色

⑥ 在"目录"幻灯片中插入图片"李白.jpg"，并调整图片的大小和位置。

⑦ 保存演示文稿。

5.4.3 编辑母版

使用主题可以统一改变演示文稿的外观，使用母版也可以统一改变演示文稿的外观。幻灯片母版，实际上就是一系列特殊的幻灯片，存储了演示文稿的主题、幻灯片版式和格式等信息，更改幻灯片母版，就会影响基于该母版创建的所有幻灯片。

● 在"正文"节中，利用母版为该节中的所有幻灯片添加图片、按钮和标题背景，如图 5-58 所示。

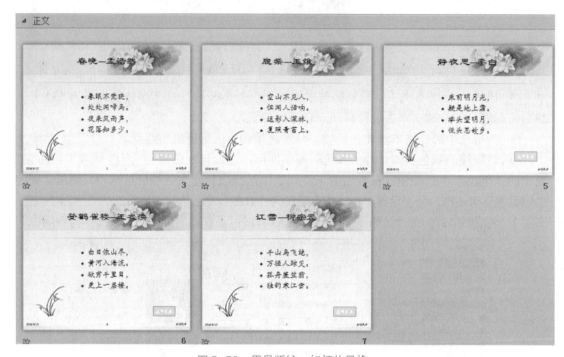

图 5-58　用母版统一幻灯片风格

① 在"正文"节中任选一张幻灯片。

② 单击"视图"选项卡"母版视图"组中的"幻灯片母版"按钮，进入幻灯片母版的编辑状态。

③ 在左侧窗格中单击名称为"标题和内容 版式：由幻灯片 3-7 使用"的幻灯片缩略图，如图 5-59 所示。

④ 在右侧的窗格中选择"编辑母版文本样式"占位符，设置该占位符的高度为"10厘米"，文本居中对齐，然后移动到合适的位置。

⑤ 选择母版中自带的矩形，向下移动到合适的位置，如图 5-60 所示。

⑥ 插入图片"横幅.jpg"，并将图片移动到标题上，重着色为"灰色-25%，强调文字颜色 1 深色"，置于底层显示。

⑦ 插入图片"兰草.jpg"，并将图片移动到母版幻灯片的左下角显示。

⑧ 在母版幻灯片的右下角，插入一个"动作按钮：自定义"，超链接到标题为"目录"的幻灯片，并在该按钮上添加文本"返回目录"，效果如图 5-58 所示。

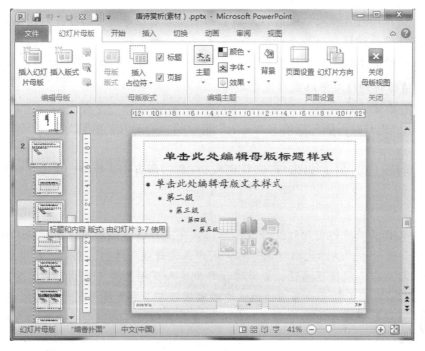

图 5-59　幻灯片母版

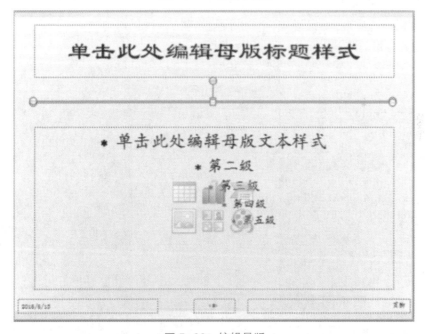

图 5-60　编辑母版

✍说明

（1）每个演示文稿中可以包括多个母版，而每个母版又可以拥有多个不同版式的幻灯片。例如，"暗香扑面"母版中默认拥有 11 个版式，在图 5-59 中，编辑较大幻灯片，将应用到所有版式的幻灯片，编辑某一版式幻灯片，将应用到使用了该版式的幻灯片。

（2）如果在幻灯片中对格式进行了相应的修改，则在母版中的修改对该格式无效，即对幻灯片直接修改的优先级高于母版中的格式设置。如果想让母版中设置的格式起作用，可以选择相应的文本或占位符，然后单击"开始"选项卡"字体"组中的"清除所有格式"按钮 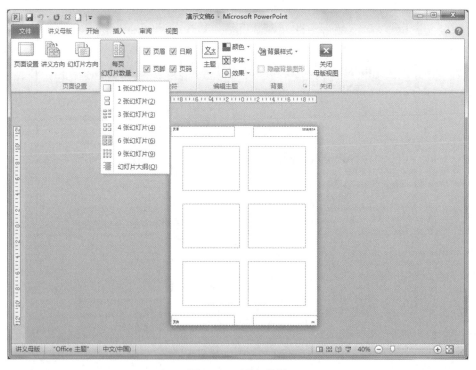，清除掉幻灯片中格式的设置即可。

● 关闭母版视图。

① 单击"幻灯片母版"选项卡"关闭"组中的"关闭母版视图"按钮，退出母版的编辑状态。

② 切换到幻灯片浏览视图，可以看到"正文"节所有幻灯片中均出现了图片、标题背景和按钮。

✎说明

（1）讲义母版的操作与幻灯片母版相似，只是进行格式化的是讲义，而不是幻灯片。单击"视图"选项卡"演示文稿视图"组中的"讲义母版"按钮，可以进入讲义母版视图。在讲义母版视图中，包括页眉区、页脚区、日期区和页码区共 4 个占位符，分别为讲义设置相应的内容。页面上包含许多虚线框，这些虚线框表示每页包含的幻灯片缩略图的数目，通过"讲义母版"选项卡中的"每页幻灯片数量"按钮，可以改变每页幻灯片的数目，如图 5-61 所示。

图 5-61　讲义母版

（2）备注母版的上方是幻灯片缩略图，可以改变幻灯片缩略图的大小和位置，也可以改变其边框线型和颜色。幻灯片缩略图的下方是报告人注释部分，用于输入相应幻灯片的附加说明，其余空白部分可以添加背景对象，如图 5-62 所示。

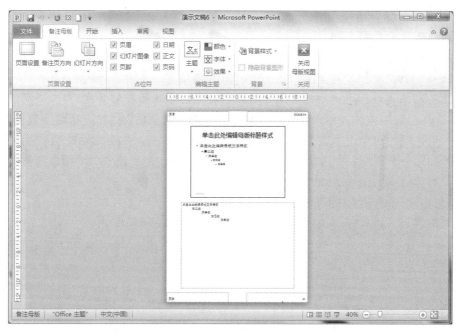

图 5-62　备注母版

5.4.4　添加动画效果

● 在"正文"节中，利用母版为该节中的所有幻灯片的标题、文本以及其他对象添加动画效果。

① 再次进入"正文"节幻灯片母版的编辑状态，选择"标题和内容 版式：由幻灯片 3-7 使用"中的"母版标题样式"占位符，在"动画"选项卡"动画"组的"选择动画效果"列表中选择"劈裂"选项，然后单击"效果选项"按钮，在弹出的下拉列表的"方向"类别中选择"中央向左右扩展"选项，最后在"动画"选项卡"计时"组的"开始"下拉列表中选择"上一动画之后"选项，如图 5-63 所示。

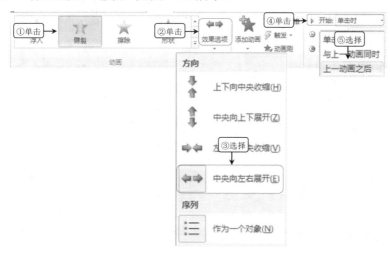

图 5-63　设置动画

🖋说明

动画的开始方式有 3 种。

● 单击时：手工控制动画的播放。

● 上一动画同时：当前动画和上一动画同时播放。

● 上一动画之后：当前动画在上一动画播放完之后开始自动播放。

② 选择母版中自带的矩形，选择"动画"选项卡"动画"组"选择动画效果"列表中的"飞入"选项，再单击"效果选项"按钮，在弹出的下拉列表中选择"自左侧"选项，然后在"开始"下拉列表中选择"上一动画之后"选项，最后设置"动画"选项卡"计时"组中的"持续时间"为"03.00"秒，如图 5-64 所示。

③ 单击"动画"组右下角的对话框启动器 ，弹出"飞入"对话框，在"效果"选项卡的"声音"下拉列表中选择"风铃"选项，如图 5-65 所示。

图 5-64　设置动画持续时间

图 5-65　"飞入"对话框

④ 在幻灯片中添加一幅图片"蝴蝶.gif"，将图片的背景色设置为透明，调整图片的大小和方向，移动图片到母版中自带矩形的左端，如图 5-66 所示。

图 5-66　调整图片位置

232

⑤ 选择"蝴蝶"图片，单击"选择动画效果"列表右下角的"其他"按钮，弹出下拉列表，选择"其他动作路径"选项，弹出"更改动作路径"对话框，选择"直线和曲线"类别中的"正弦波"选项，单击"确定"按钮，如图 5-67 所示。

图 5-67　添加动作路径

⑥ 选择添加的动作路径，通过路径上的控制点调整动作路径的长度和位置，如图 5-68所示。

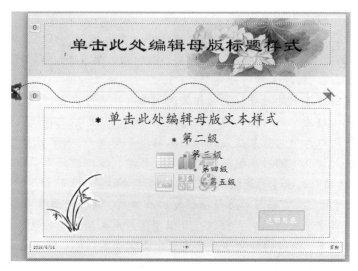

图 5-68　设置动作路径

⑦ 选择"蝴蝶"图片上的动画效果，设置动画的开始方式为"与上一动画同时"，设置"持续时间"为"03.00"秒。

◇技巧

在 PowerPoint 2010 中，提供了一个动画刷的工具，可以将源对象的动画复制到目标对象上。在演示文稿中如果有多个对象使用同一个动画效果，可以先设置其中一个对象的动画效果，然后单击"动画"选项卡"高级动画"组中的"动画刷"按钮，鼠标指针变化后选中其他对象即可实现复制动画的功能。

图 5-69　设置动画效果

⑧ 再次选择"蝴蝶"图片，单击"动画"选项卡"高级动画"组中的"添加动画"按钮，在弹出的下拉列表中选择"强调"类别中的"陀螺旋"选项；单击"动画"组中的"效果选项"按钮，在弹出的下拉列表中选择"方向"类别中的"逆时针"选项和"数量"类别中的"四分之一旋转"选项，如图 5-69 所示。设置动画的开始方式为"上一动画之后"。

✎说明

使用"动画"选项卡"动画"组"选择动画效果"列表中的动画效果只能为同一个对象添加一个动画效果，再次选择另一个动画效果时，会被新的动画效果取代。如果要在同一个对象上添加多个动画效果，则需要单击"动画"选项卡"高级动画"组中的"添加动画"按钮。

⑨ 选择"母版文本样式"占位符，添加"进入|温和型|升起"动画，开始方式为"上一动画之后"。

⑩ 单击"动画"选项卡"预览"组中的"预览"按钮，预览幻灯片中设置的动画效果。关闭幻灯片母版视图，退出母版编辑状态。

✎说明

（1）在"选择动画效果"列表中包含 4 类动画效果：进入、强调、退出、动作路径。前 3 种类型的动画效果又分为基本型、细微型、温和型、华丽型；"动作路径"动画效果分为基本、直线和曲线、特殊 3 种细分类型。

① 如果要使幻灯片中的对象以某种效果进入幻灯片，可以选择"进入"动画效果。

② 如果要使幻灯片中的对象在放映时起到强调作用，可以选择"强调"动画效果。

③ 如果要使幻灯片中的对象在某一时刻从幻灯片中离开，可以选择"退出"动画效果。

④ 如果要使幻灯片中的对象按照指定的路径移动，可以选择"动作路径"动画效果。

（2）单击"动画"选项卡"高级动画"组中的"动画窗格"按钮，可以打开动画窗格，如图 5-70 所示。利用动画窗格可以方便地预览动画效果、调整动画顺序、设置动画效果等。

① 在动画窗格中单击"播放"按钮，可以预览当前幻灯片中的动画效果。

② 右击动画列表，在弹出的快捷菜单中可以删除动画，可以设置动画开始方式、动画效果和动画计时等。

③ 单击🔼和🔽按钮，可以设置动画的播放顺序。

图 5-70　动画窗格

5.4.5　页面设置

根据幻灯片放映环境以及打印需求，对幻灯片进行页面设置也是非常必要的。从视觉效果上来说，大多数人钟情于宽屏和高清格式，即 16∶9 版式。

● 设置幻灯片的大小为"全屏显示（16∶9）"。

①单击"设计"选项卡"页面设置"组中的"页面设置"按钮，弹出"页面设置"对话框。

② 在"幻灯片大小"下拉列表中选择"全屏显示（16∶9）"选项，单击"确定"按钮，关闭对话框，如图 5-71 所示。

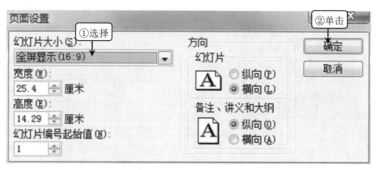

图 5-71　"页面设置"对话框

和 Word 的页眉页脚功能一样，在 PowerPoint 2010 中可以为幻灯片添加页眉页脚。

● 为"正文"节幻灯片添加自动更新的日期和时间、幻灯片编号和页脚，页脚内容为"唐诗欣赏"，如图 5-72 所示。

① 单击"正文"节标记，选择"正文"节内的所有幻灯片，然后单击"插入"选项卡"文本"组中的"页眉和页脚"按钮，弹出"页眉和页脚"对话框。

② 分别选中"日期和时间"复选框、"自动更新"单选按钮、"幻灯片编号"复选框、"页脚"复选框，并在相应文本框中输入"唐诗欣赏"，如图 5-73 所示。在"预览"区域可以预览幻灯片添加内容的效果，单击"应用"按钮，应用页眉页脚设置。

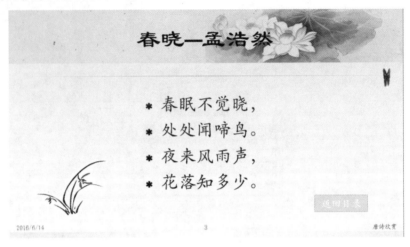

图 5-72　添加页眉页脚的幻灯片

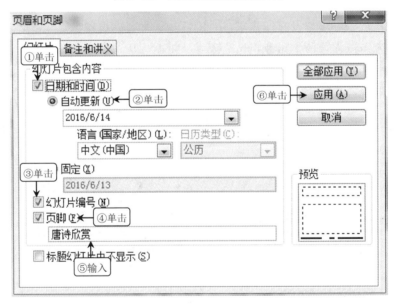

图 5-73　"页眉和页脚"对话框

5.4.6　为幻灯片设置切换效果

幻灯片切换效果是在幻灯片放映视图中，当从一张幻灯片切换到下一张幻灯片时出现的动画效果。

● 为演示文稿中的所有幻灯片设置切换效果为"门"。

① 选择演示文稿中的任一幻灯片，单击"切换"选项卡"切换到此幻灯片"组中的"选

择切换效果"列表右下角的"其他"按钮，展开"选择切换效果"列表，如图 5-74 所示。

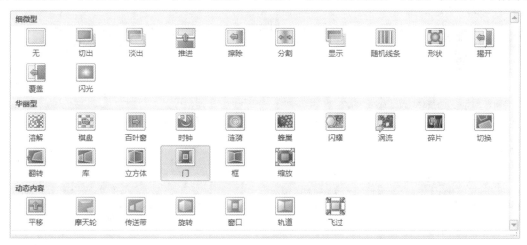

图 5-74 "选择切换效果"列表

② 选择"华丽型"类别中的"门"选项，单击"预览"组中的"预览"按钮可以预览设置好的幻灯片切换效果。

③ 单击"计时"组中的"全部应用"按钮，可以将"门"切换效果应用到演示文稿中的所有幻灯片上。

④ 保存演示文稿。

说明

换片方式分为手动换片和自动换片两种。如果选中"单击鼠标时"复选框，则幻灯片在放映过程中，不论这张幻灯片放映多长时间，只有单击才能切换到下一张幻灯片；如果选中"设置自动换片时间"复选框，并输入具体的秒数，如输入 3 秒，那么幻灯片在放映时，每隔 3 秒钟自动切换到下一张幻灯片。同时，自定义动画中将开始方式设置为"单击时"的效果自动失效。如果同时选中两个复选框，那么"单击鼠标时"的换片方式也自动失效。

技巧

一旦为幻灯片设置了切换效果或自定义动画效果，在幻灯片浏览视图或普通视图中幻灯片缩略图下方或侧方多了一个"播放动画"按钮，单击该按钮可以播放当前幻灯片中的动画效果。

任务 5 放映和输出新员工入职培训演示文稿

任务描述

在放映演示文稿时，需要根据演讲者、观众、场景等各种因素确定演示文稿的放映设

置，如是否需要排练计时、是否需要旁白，以及如何确定放映方式等，本任务完成后的效果如图 5-75 所示。

图 5-75　"新员工入职培训"演示文稿效果

任务分析

首先分析演示文稿的放映场景，再在提供的演示文稿基础上进行排练计时、录制旁白、设置放映方式等一系列操作，最后根据需要打包和打印演示文稿。

相关知识

1. 排练计时

通过排练为每张幻灯确定适当的放映时间，在排练时，把在每张幻灯片上停留的时间记录下来，在幻灯片放映时按照记录的时间放映，为幻灯片安排合理的放映时间。

2. 打包演示文稿

打包演示文稿主要是为了在未安装 PowerPoint 的计算机中能够正常放映而做的一种操作。

任务实施

5.5.1 放映演示文稿

制作精美演示文稿的最终目的就是为演示文稿的放映做准备。

● 从头开始放映"新员工入职培训 PPT(素材).pptx"演示文稿。

① 打开"新员工入职培训 PPT(素材).pptx"演示文稿。

② 单击"幻灯片放映"选项卡"开始放映幻灯片"组中的"从头开始"按钮，或直接按 F5 键，幻灯片将从第 1 张开始放映。

◌技巧

如果让演示文稿从选择的幻灯片开始放映，可以单击"幻灯片放映"选项卡"开始放映幻灯片"组中的"从当前幻灯片开始"按钮，或单击窗口下方的视图按钮区中的"幻灯片放映"按钮 🖵，或者按 Shift+F5 组合键。

5.5.2 控制演示文稿的放映

在幻灯片放映过程中，可以切换、结束放映，以及为幻灯片添加标记等操作。

● 控制"新员工入职培训 PPT(素材).pptx"演示文稿的放映。

① 单击"幻灯片放映"选项卡"开始放映幻灯片"组中的"从头开始"按钮，进入幻灯片放映状态。

② 在放映的过程中右击幻灯片，在弹出的快捷菜单中选择"定位至幻灯片 |9 公司制度"命令，即可切换第 9 张幻灯片，如图 5-76 所示。

③ 右击，在弹出的快捷菜单中选择"指针选项 | 笔"命令，如图 5-77 所示，可以在幻灯片中进行注释。

④ 右击，在弹出的快捷菜单中选择"结束放映"命令，则退出幻灯片的放映状态。

✎说明

① 如果在幻灯片放映时，使用"笔"或"荧光笔"等其他工具对幻灯片做了注释或标记，则在退出幻灯片的放映时，会弹出信息提示对话框，如图 5-78 所示。单击"保留"按钮则保留幻灯片墨迹，单击"放弃"按钮则丢弃幻灯片墨迹。

② 退出幻灯片放映状态，还可以按 Esc 键。

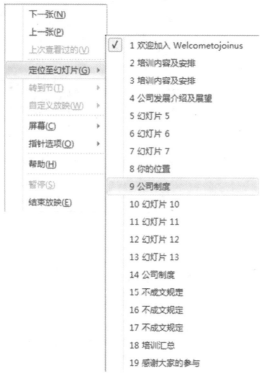

图 5-76　定位幻灯片

图 5-77　使用"笔"工具

图 5-78　信息提示对话框

✍技巧

如果在幻灯片放映过程中对幻灯片做了标记或注释，那么右击，在弹出的快捷菜单中选择"指针选项|橡皮擦"命令，当鼠标指针变成✎形状时，单击墨迹，可以擦除本次幻灯片放映中添加的墨迹。

5.5.3　排练计时

在正式放映前用手动的方式进行换片，PowerPoint 2010 自动把手动换片的时间记录下来，如果应用这个时间，以后就可以按照这个时间自动进行放映观看，无须人为控制。

● 为"新员工入职培训 PPT(素材).pptx"演示文稿设置排练计时。

① 单击"幻灯片放映"选项卡"设置"组中的"排练计时"按钮，演示文稿自动从第 1 张幻灯片开始放映。此时幻灯片左上角出现"录制"对话框，如图 5-79 所示。

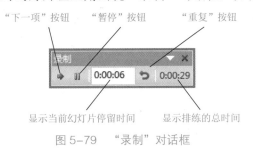

图 5-79　"录制"对话框

② 单击幻灯片或在"录制"对话框中单击"下一项"按钮，控制幻灯片的播放速度。

③ 当放映完最后一张幻灯片时，按 Esc 键，弹出信息提示对话框，如图 5-80 所示。给出演示文稿放映的总时间，并询问"是否保留新的幻灯片排练时间？"，单击"是"按钮，演示文稿自动切换到幻灯片浏览视图，并在每张幻灯片缩略图下显示放映该幻灯片所需时间。

图 5-80　排练计时

④ 保存演示文稿。

5.5.4　录制旁白

为了便于观众理解，有时演示者会在演示文稿放映过程中进行讲解，某些特殊情况下演讲者不能参与演示文稿的放映，那么可以通过录制旁白功能来解决此问题。

● 为"新员工入职培训 PPT(素材).pptx"演示文稿录制旁白。

① 单击"幻灯片放映"选项卡"设置"组中的"录制幻灯片演示"按钮，在弹出的下拉列表中选择"从头开始录制"选项。

② 弹出"录制幻灯片演示"对话框，选中"幻灯片和动画设计"和"旁白和激光笔"复选框，单击"开始录制"按钮，如图 5-81 所示。

③ 幻灯片进入放映状态，同时屏幕上出现如图 5-79 所示的"录制"对话框。此时对着麦克风讲话，即可录制旁白，当前幻灯片的旁白录制完成后，单击鼠标或单击"录制"对话框中的"下一项"按钮，切换到下一张幻灯片。

④ 当最后一张幻灯片录制结束后，单击"下一项"按钮，结束放映。此时，演示文稿

进入幻灯片浏览视图，并在每张幻灯片缩略图的下面显示该幻灯片的录制时间，在右下角添加一个声音图标，如图 5-82 所示。

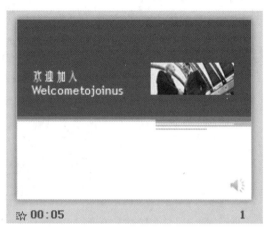

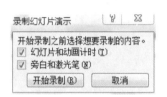

图 5-81　"录制幻灯片演示"对话框　　　　　　　图 5-82　录制旁白后的幻灯片

5.5.5　设置放映方式

演示文稿的场景不同，演示文稿的放映方式也不同，这时可以通过设置来控制幻灯片的放映。

● 为"新员工入职培训 PPT(素材) .pptx"演示文稿设置放映方式。

① 单击"幻灯片放映"选项卡"设置"组中的"设置幻灯片放映"按钮，弹出"设置放映方式"对话框。

② 选择"放映类型"为"在展台浏览（全屏幕）"；"放映选项"为"循环放映，按 Esc 键终止"；"换片方式"为"如果存在排练时间，则使用它"，如图 5-83 所示。

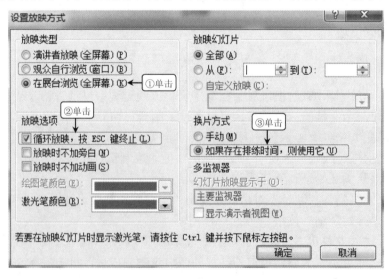

图 5-83　"设置放映方式"对话框

③ 单击"确定"按钮，按 F5 键观看放映。整个放映过程无须人工干预就能按照事先录制的时间连续放映，直到按 Esc 键结束。

✎说明

（1）幻灯片放映方式有 3 种。

① 演讲者放映（全屏幕）：该类型将演示文稿进行全屏幕放映，是最常见的一种放映方式。通过该类型放映演示文稿时，演讲者可以控制放映流程，如暂停播放、添加标记等。

② 观众自行浏览（窗口）：在窗口中放映幻灯片，观众可以通过键盘或鼠标来控制幻灯片的播放速度。

③ 在展台浏览（全屏幕）：演示文稿自动放映，且大多数命令无法使用，如不能通过单击鼠标切换幻灯片等，以防个人更改幻灯片放映，因此比较适合展览会场。

（2）由于时间、观众等放映环境的变化，需要临时减少幻灯片播放数量，而又不想删除幻灯片，此时可以将不需要播放的幻灯片隐藏起来。

① 在演示文稿的普通视图或幻灯片浏览视图窗口中，右击幻灯片缩略图，从弹出的快捷菜单中选择"隐藏幻灯片"命令，即可将幻灯片隐藏。

② 如果想将隐藏的幻灯片显示出来，再执行一次上述操作即可。

（3）如果有选择地放映幻灯片除了隐藏幻灯片外，还可以采用"自定义放映"方式，操作步骤如下。

① 单击"幻灯片放映"选项卡"开始放映幻灯片"组中的"自定义幻灯片放映"按钮，在弹出的下拉列表中选择"自定义放映"选项，弹出"自定义放映"对话框。

② 单击"新建"按钮，弹出"定义自定义放映"对话框，在"幻灯片放映名称"右文本框中输入一个放映名称；在"在演示文稿中的幻灯片"列表中选择要放映的幻灯片，单击"添加"按钮，此时被选择的幻灯片添加到"在自定义放映中的幻灯片"列表中，如图 5-84 所示。

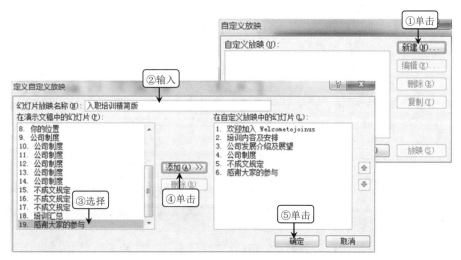

图 5-84　自定义放映

③ 单击 ⬆ 和 ⬇ 按钮可以调整幻灯片的放映顺序，最后单击"确定"按钮，返回到"自

定义"放映对话框，再单击"关闭"按钮。

④ 在图5-83"设置放映方式"对话框中，"放映幻灯片"设置为"自定义放映"，在相应列表中选择自定义放映的名称即可。

5.5.6 打包演示文稿

如果想让演示文稿中包含的超链接、特殊字体、视频或音频在其他计算机中放映演示文稿时能够正常打开或播放，则需要使用打包功能。

● 将"新员工入职培训PPT(素材).pptx"演示文稿打包成CD。

① 单击"文件"选项卡中的"保存并发送|将演示文稿打包成CD|打包成CD"按钮。

② 弹出"打包成CD"对话框，单击"复制到文件夹"按钮。

③ 在弹出的对话框中，设置文件夹名称为"新员工入职培训"及存储路径，单击"确定"按钮，弹出确认对话框，单击"是"按钮，如图5-85所示。

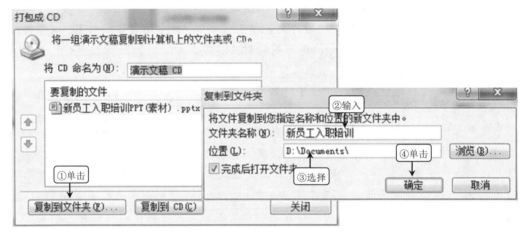

图5-85　将演示文稿打包成CD

④ 打包完成后自动打开打包文件夹，可以看到里面包含了演示文稿及其使用的链接文件等。

⚙技巧

如果在保存演示文稿时，将文件的保存类型设置为"PowerPoint 放映（*.ppsx）"，则双击保存后的文件可直接放映演示文稿。

5.5.7 打印演示文稿

某些特殊的场合需要将演示文稿像 Word 一样打印在纸上，供与会人员了解演讲内容。

● 打印"新员工入职培训PPT(素材).pptx"演示文稿。

① 单击"文件"选项卡中的"打印"按钮。

② 在"设置"选项组中设置打印范围为"打印全部幻灯片"，打印内容和版式为"讲义，4张水平放置的幻灯片"，打印颜色为"纯黑白"，如图5-86所示。

③ 设置完成后，在右边窗口中看到最终打印效果，然后单击"打印机"下拉按钮，在

弹出的下拉列表中选择打印机，并设置打印份数，最后单击"打印"按钮开始打印演示文稿。

图 5-86　设置打印幻灯片

任务 6　任务体验

1．任务

制作"低碳生活　你我做起.pptx"演示文稿，效果如图 5-87 所示。

2．目标

（1）掌握幻灯片的管理、向幻灯片中插入对象等操作。

（2）掌握幻灯片的美化、主题和母版的应用。

（3）掌握动画效果设置、幻灯片切换设置等操作。

（4）掌握幻灯片放映设置和放映方法。

3．思路

（1）打开"低碳生活·你我做起（素材）.pptx"演示文稿。

（2）在第一张幻灯片后插入一张新幻灯片，设置标题为"目录"，在文本占位符位置插入一个样式为"垂直曲线列表"式的 SmartArt 图形，并在相应形状中输入文本，更改图形的颜色和样式，如图 5-88 所示。最后为 SmartArt 图形的每个形状创建超链接，并链接到相应标题的幻灯片。

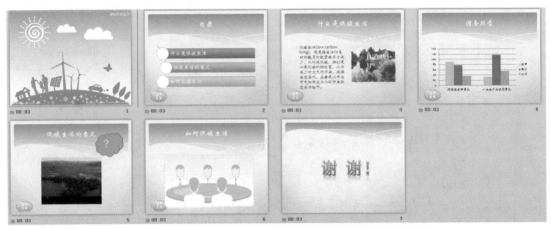

图 5-87 "低碳生活 你我做起.pptx"演示文稿

图 5-88 插入 SmartArt 图形

（3）将标题为"什么是低碳生活"的幻灯片版式设置为"两栏内容"，并在右边的文本占位符中添加图片"建筑物.wmf"。

（4）在标题为"低碳生活的意义"的幻灯片中添加文件中的视频"环境保护的意义.avi"。

（5）在标题为"如何低碳生活"的幻灯片中添加图片"讨论.png"。

（6）设置最后一张幻灯片的版式为"空白"，并插入艺术字"谢谢"，然后修改艺术字的格式。

（7）为演示文稿使用"波形"主题，修改主题颜色为"奥斯汀"，背景样式为"样式10"。

（8）进入幻灯片母版视图，设置除标题幻灯片以外的所有幻灯片的母版标题颜色为"标

准色 黄色"。并为每张幻灯片添加一个"返回目录"的图形，如图 5-89 所示。

（9）在幻灯片母版视图中，删除标题幻灯片自带的图形，并设置背景为一张图片"背景.jpg"，修改标题的字体颜色为"标准色 橙色"，退出幻灯片母版视图。

（10）在标题为"低碳生活的意义"的幻灯片中添加一个自选图形"云形"， 在图形中输入文本"？"，美化该图形，效果如图 5-90 所示。给该图形添加一个动画效果"旋转"，设置动画的开始方式为"上一动画之后"。

图 5-89　返回目录图形　　　　　　　　图 5-90　　"云形"自选图形

（11）设置演示文稿中所有幻灯片的切换效果为"传送带"，换片方式为"单击鼠标时"。

（12）放映演示文稿。

（13）保存演示文稿。

第6章 网络应用

任务 1　连接网络

微　课

观看本任务微课视频
扫一扫二维码

任务描述

本任务为将计算机连接内部网络，实现资源共享，并通过内网连接 Internet 网络。

任务分析

将计算机连接到公司内部局域网络，再通过公司局域网连接到互联网。首先需要有连网的设备和线路，其次需要网络管理员或供应商提供授权和技术支持，最后通过 Windows 7 的网络连接设置实现网络访问。

相关知识

1. 计算机网络

应用通信线路和设备，把分布在不同地域位置上的多台计算机连接起来。计算机网络的功能主要体现在 3 个方面：信息交换、资源共享、分布式处理。计算机网络从覆盖范围的角度，可分为局域网（Local Area Network，LAN）、城域网（Metropolitan Area Network，MAN）和广域网（Wide Area Network，WAN）。从传输介质的角度可分为有线网和无线网。

2. 局域网

局域网是在一个局部的地理范围内（如一个学校、工厂和机关内），一般是方圆几千米以内，将各种计算机、外部设备和数据库等互相连接起来组成的计算机通信网。

3. 互联网

互联的网络，即广域网、城域网、局域网及单机按照一定的通信协议组成的国际计算机网络，现一般指 Internet。

4. 网络协议

网络协议是网络上所有设备（网络服务器、计算机及交换机、路由器、防火墙等）之间通信规则的集合，它规定了通信时信息必须采用的格式和这些格式的意义。最常用的网络协议是 TCP/IP 协议（传输控制协议/互联网络协议），访问 Internet 就必须使用 TCP/IP 协议。

5. IP 地址

在 Internet 上给每台计算机一个唯一的号码标识，即 IP 地址。现 IP 地址有 IPv4 和 IPv6 两种版本。其中 IPv4 地址由 32 位二进制数字构成，分为 4 段，每段 8 位，转换为十进制数字表示，每组数字范围在 0～255 之间，组与组之间用"."隔开，如 202.12.34.56。IPv6 地址由 128 位二进制数字构成，分为 8 组，每组 16 位，转化为十六进制数表示，组与组之间用"："隔开，如 FE80:0000:0000:0000:AAAA:0000:00C2:0002。

6. 网关

网关（Gateway）是在采用不同体系结构或协议的网络之间进行互通时，用于提供协议转换、路由选择、数据交换等网络兼容功能的设施，如局域网连接到互联网就必须通过网关。

249

7. 域名

网络连接中的每一台机器都必须有一个唯一的 IP 地址作为标识，为方便用户记忆，将计算机 IP 地址使用一串用点分隔的字符串组成计算机名，如 www.sina.com，用于在数据传输时识别，此字符串即域名。域名由两个或两个以上的词构成，中间由点号分隔开。最右边的那个词称为顶级域名。顶级域名只有 2 或 3 个字符，为国家名或机构类别名。

域名字符串只能使用字母、数字和"-"构成。

8. 域名解析服务器（DNS）

网络访问时必须将域名映射为对应的 IP 地址，此映射过程称为域名解析。域名解析需要由专门的域名解析服务器（DNS）来完成。

9. 非对称数字用户回路（ADSL）

非对称数字用户回路（Asymmetrical Digital Subscriber Loop，ADSL）是一种新的数据传输方式，因为上行和下行带宽不对称而得名。利用现有的电话网传输网络信号，采用非对称技术，下行速度高，上行速度低。能够提供高达 8Mb/s 的高速下载速率和 1Mb/s 的上传速率，传输距离为 3～5km。由于上网与打电话是分离的，所以上网时不占用电话信号，只需交纳网费而没有电话费。因此备受普通用户的青睐。

使用 ADSL 接入 Internet 无须改动电话线，只需增加 ADSL 分离器、ADSL Modem（调制解调器）、PCI 网卡等硬件设备，并可按照图 6-1 将入户电话线、ADSL Modem、个人计算机进行连接。安装好后打开 ADSL Modem 及个人计算机的电源。这个工作通常会由电信局的工作人员完成。

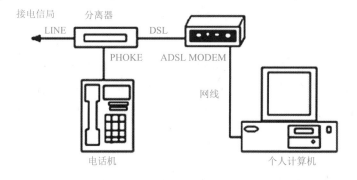

图 6-1　ADSL 硬件连接示意图

10. ADSL Modem

ADSL Modem（俗称猫），它的作用是在发送端通过调制将数字信号转换为模拟信号，在接收端通过解调再将模拟信号转换为数字信号，外形比普通的 Modem 稍微大一些，如图 6-2 所示。

11. 互联网服务提供商（ISP）

互联网服务提供商（ISP）即向用户提供互联网接入业务、信息业务和增值业务的电信运营商。现主要的 ISP 有电信、移动、联通、铁通、网通等。

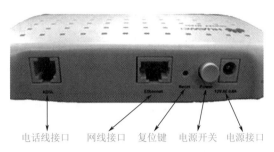

電話線接口　　網線接口　　復位鍵　　電源開关　　電源接口

图 6-2　ADSL Modem 外观

12．共享文件

共享文件便于相邻计算机之间的数据相互访问。共享文件仅能对文件夹进行设置，如需要对某个文件设置共享，必须将该文件放置到文件夹后，对文件夹设置共享。

任务实施

6.1.1　局域网连接

● 将计算机连接到局域网，其操作步骤如下。

局域网连接必须首先保证计算机配置有网卡，计算机放置位置附近有局域网接入点，再使用网线将计算机与局域网络相连接，找网络管理员申请 IP 地址和用户权限。

计算机开机后按下列步骤完成连网配置，如图 6-3 所示。

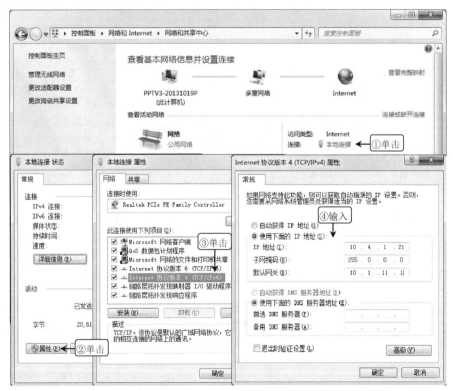

图 6-3　局域网接入互联网

① 双击桌面上的"计算机"图标，打开"计算机"窗口，选择"网络"选项，单击"网络和共享中心"按钮，打开"网络和共享中心"窗口。

② 单击"本地连接"超链接，弹出"本地连接 状态"对话框。

③ 单击"属性"按钮，弹出"本地连接 属性"对话框。

④ 选中"Internet 协议版本 4（TCP/IPv4）"复选框。

⑤ 单击"属性"按钮，弹出"Internet 协议版本 4（TCP/IPv4）属性"对话框。

⑥ 输入本机 IP 地址以及默认网关等信息后，单击"确定"按钮关闭。

◎说明

IP 地址是网络管理员分配给本机的一个代码，子网掩码、网关、DNS 服务器地址是局域网内部管理和控制所需的一组代码。这些代码可向网络管理员申请获取。

6.1.2 用无线网接入互联网

（1）手动连接无线网。

● 已知有无线网络 WangGong 以及对应密码，手动连接网络。

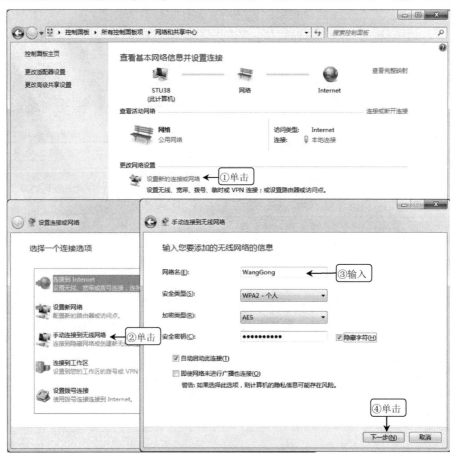

图 6-4　手动连接到无线网

① 打开"网络和共享中心"窗口，单击"设置新的连接和网络"超链接，打开"设置连接或网络"窗口，如图6-4所示。

② 选择"手动连接到无线网络"选项，单击"下一步"按钮，打开"手动连接到无线网络"窗口。

③ 输入网络名和对应的权限，单击"下一步"按钮直至结束，该无线网络既已添加成功。

〇说明

计算机若装有无线网卡，且在附近有无线网络信号，可用无线网连网。若已知无线网名称以及连接密码，可手动设置连接。但在默认情况下，Windows 7 能自动搜索无线网信号，即无须手动连接可直接搜索无线网连接。

（2）自动连接无线网。

● 搜索附近的无线信号联网，实现自动连接无线网。

① 在"网络和共享文件"窗口的"更改网络设置"中，单击"连接到网络"超链接，将会打开网络连接窗口，如图6-5所示。

② 选择要连接的网络，单击"连接"按钮，弹出"连接到网络"对话框。

③ 输入安全关键字，单击"确定"按钮，系统将连接指定网络。

④ 若第一次连接此网络，连接后将打开"设置网络位置"窗口，根据情况选择，在此选择"公用网络"选项，完成连接。

图6-5 自动连接无线网

6.1.3 共享网络资源

（1）同步工作组。

● 将本计算机置于同一工作组下。

① 右击"计算机"图标，在弹出的快捷菜单中选择"属性"命令，打开"系统"窗口。

② 在"计算机名称、域和工作组设置"中单击"更改设置"超链接，弹出"系统属性"对话框。

③ 单击"更改"按钮，弹出"计算机名/域更改"对话框。

④ 修改"工作组"名称，如图6-6所示。单击"确定"按钮关闭后，请重启计算机使更改生效。

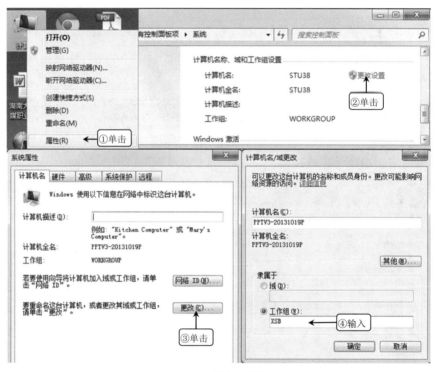

图6-6　同步工作组

⭥说明

利用局域网可以共享文件、打印机等资源。在Windows 7环境下，必须保证共享设备在同一个工作组下。

（2）更改网络共享相关设置。

● 更改网络共享相关设置，使其能允许网络共享连接。

① 打开"网络和共享中心"窗口。

② 单击"更改高级共享设置"超链接，打开"高级共享设置"窗口，如图6-7所示。

③ 依次启用网络发现、文件和打印机共享、公用文件夹共享。

④ 在"密码保护的共享"选项组中选中"关闭密码保护共享"单选按钮。

⑤ 在"家庭组连接"选项组中，建议选中"允许 Windows 管理家庭组连接（推荐）"单选按钮。

⑥ 单击"保存修改"按钮关闭。

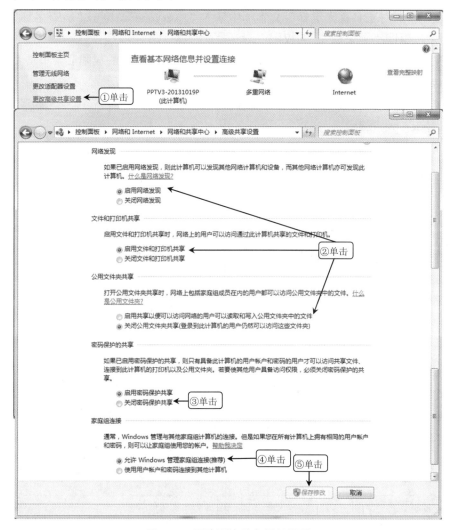

图 6-7　更改网络共享相关设置

♨说明

　　共享必须修改相关网络共享设置，包括启用网络发现、文件和打印机共享、公用文件夹共享，"关闭密码保护共享"、"允许 Windows 管理家庭组连接（推荐）"等，以便实现网络共享。

（3）共享对象设置。

● 将"会议通知"文件夹设置为共享。

① 右击"会议通知"文件夹，在弹出的快捷菜单中选择"属性"命令，弹出"会议通知 属性"对话框，选择"共享"选项卡。

② 单击"高级共享"按钮，弹出"高级共享"对话框。

③ 选中"共享此文件夹"复选框并单击"应用"按钮。

④ 选择"安全"选项卡，单击"编辑"按钮，弹出"会议通知 的权限"对话框。

⑤ 单击"添加"按钮，弹出"选择用户或组"对话框。

⑥ 在"输入对象名称来选择"文本框中输入"Everyone"，单击"检查名称"按钮后，单击"确定"返回"会议通知 的权限"对话框。

⑦ 在"Everyone 的权限"列表中设置用户对此共享文件夹的权限后，单击"确定"按钮关闭，如图 6-8 所示。

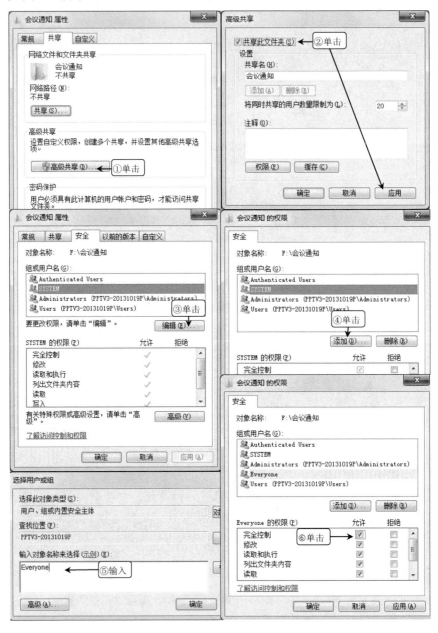

图 6-8　共享对象设置

⊙技巧

将需要共享的文件/文件夹直接拖动至公共文件夹中即可实现共享。

⊙说明

Windows 7 包含有一个公共文件夹用于共享，对于不在公共文件夹中，希望共享的文件，必须将此文件放置在公共文件夹下，再共享文件夹。

（4）防火墙设置。

● 文件能被访问，必须保证文件共享是被许可的，修改防火墙设置，在"允许的程序"中指定"文件和打印机共享"，使文件和打印机能共享。

① 双击桌面上的"计算机"图标，打开"计算机"窗口，单击"打开控制面板"按钮，单击"系统和安全|Windows 防火墙"超链接，打开"Windows 防火墙"窗口，如图 6-9 所示。

② 单击"允许程序或功能通过 Windows 防火墙"超链接，打开"允许的程序"窗口。

③ 选中"文件和打印机共享"复选框，单击"确定"按钮关闭。

图 6-9　防火墙设置

257

（5）查看共享文件。

● **文件共享后，实现同组计算机访问。**

① 双击桌面上的"计算机"图标，打开"计算机"窗口，单击"打开控制面板"按钮，单击"网络和Internet|查看网络计算机和设备|（相应的计算机/设备名称）"超链接，打开"网络"窗口，即可显示在此工作组下的所有计算机。

② 在窗口中双击共享文件所在的计算机，显示所有共享的文件夹，如图6-10所示。

③ 选择对应文件夹打开读取文件。

图6-10　查看共享文件

6.1.4　宽带接入互联网

● **现家庭或小型办公环境常设置宽带连接互联网。**

① 打开"网络和共享中心"窗口，单击"设置新的连接和网络"超链接，打开"设置连接或网络"窗口。

② 选择"连接到Internet"选项，单击"下一步"按钮，打开"连接到Internet"窗口。

③ 选择"否，创建新连接"单选按钮，单击"下一步"按钮。

④ 选择"宽带（PPPoE）"选项关闭后，设置ISP提供的信息。

⑤ 输入由ISP提供的用户名和密码，单击"连接"按钮，完成宽带连接，如图6-11所示。

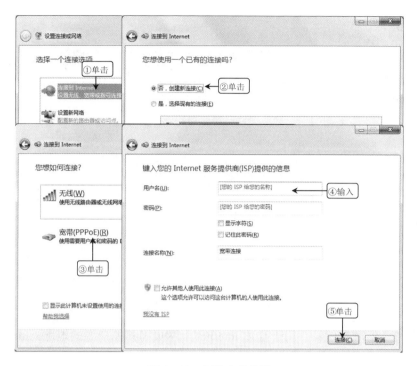

图 6-11 创建宽带连接

任务 2 浏览与检索网络资源

任务描述

本任务要求从网上下载一首歌曲《时间都去哪儿了》和从网上搜索关于"珠海旅游"的资料。

任务分析

本任务通过从网上下载一首歌曲《时间都去哪儿了》和从网上搜索关于"珠海旅游"的资料，介绍浏览器的应用和设置、网络搜索引擎的应用等内容。

相关知识

1. 浏览器

浏览器是用于浏览网络信息的一种软件。常见的浏览器有 Internet Explorer、FireFox、傲游、Opera 等，Windows 自带的浏览器是 Internet Explorer。

2. 网站

在 Internet 上，根据一定的规则，用于展示特定内容的相关网页的集合就是网站。

3. 网页

网页是保存在网站中的文件，包含文本、图片、音频、视频等多媒体信息。

4. URL

URL 即统一资源定位符。用于描述 Internet 上网页和其他资源的地址。Internet 上的每一个网页都具有一个唯一的名称标识，即 URL 地址，这种地址可以是本地磁盘，也可以是局域网上的某一台计算机，更多的是 Internet 上的站点。

5. HTTP

HTTP 即超文本传输协议，是用于从 WWW 服务器传输超文本到本地浏览器的传送协议。

6. 超链接

超链接是从一个网页指向一个目标的连接关系。此目标可以是另一个网页，也可以是相同网页上的不同位置，或者是图片、文件、应用程序、电子邮件等。通过单击超链接，可直接打开目标连接。

7. 搜索引擎

搜索引擎（Search Engine）是指根据一定的策略、运用特定的计算机程序从互联网上搜集信息，在对信息进行组织和处理后，为用户提供检索服务，将用户检索相关的信息展示给用户的系统。要选择合适的检索工具时，就要先了解所要使用的搜索引擎。常用的搜索引擎有百度、谷歌、搜狗等。

8. 网页保存类型

保存网页依据类型不同，保存的文件效果不同。

"网页，全部"类型：将保存网页所有内容，包括文本和图片等多媒体信息，且多媒体信息将保存在一个同网页文件名相同的独立的文件夹下。

"Web 档案，单一文件"类型：将所有内容包括图片等信息保存在一个网页文件中。

"网页，仅 HTML"类型：以网页格式保存，但仅有文字，不含图片等多媒体信息。

"文本文件"类型：以文本文件的形式保存网页的所有文字，不含多媒体信息。

9．上传与下载

上传：将本地计算机上的文件传送到远程主机。

下载：将远程主机上的文件复制到本地计算机。

10．FTP（文件传输协议）

FTP（文件传输协议）用于在网络上两台计算机之间传送文件，同时，也是一个应用程序。在 Internet 中，FTP 用于与远程服务器连接，上传下载文件。

使用 FTP 必须登录，在远程主机上获得权限，即通过用户名和密码，方可上传下载文件。但 Internet 作为公共资源，不少 FTP 服务器提供有匿名 FTP 服务。

11．匿名 FTP

系统管理员建立了一个特殊的用户名 anonymous，任何人在任何地方都可通过该用户名连接到远程主机上，并从其上下载文件，而无须用户名和密码。同时可用自己的 E-mail 地址作为口令，使系统维护程序能够记录下来谁在存取这些文件。

任务实施

6.2.1 浏览网站

（1）打开浏览器。

● 网页浏览器可浏览网络信息，常用的网页浏览器为 Internet Explorer，简称 IE。通过 IE 浏览网络信息。

① 打开 IE 浏览器，如图 6-12 所示。

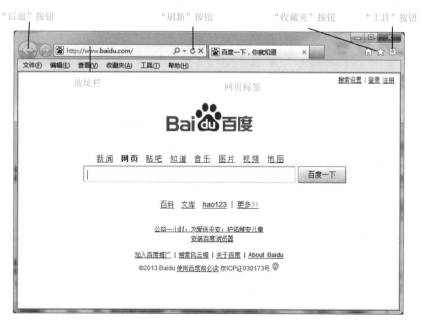

图 6-12 打开浏览器

② 在地址栏输入网址，如"www.baidu.com"，按 Enter 键，即可打开百度网站。

③ 移动鼠标指针到希望查看的内容上，鼠标指针变成手形，单击，打开超链接查阅相关网页信息。

✎说明

Internet Explorer 9 浏览器，简称 IE9，是微软公司最新一款 IE 浏览器，该款浏览器可在 Windows 7 以上版本运行，但该版本不支持 Windows XP 操作系统。

IE9 使用紧凑的用户界面，大多数命令栏功能隐藏，如"打印"或"缩放"。但都可以通过单击"工具"按钮访问，单击"收藏夹"按钮时会显示您的收藏夹。

☝技巧

如果要还原"命令"栏、"收藏夹"栏和状态栏，请右击"新建选项卡"右侧，然后在弹出的快捷菜单中选择它们。

（2）多种打开网页的方法。

● IE9 浏览器可同时打开多个网页，也可直接打开最近使用网站以及采用 Private 方法打开网站。

① 单击网页右端空白标签，将新建选项卡，打开新的网页。

② 常用网页可在页面中以九宫格的形式显示，选择常用的"百度"网站即可打开对应网页，或在地址栏输入网址"www.baidu.com"打开对应网页。

③ 如希望 IE 不保存浏览会话的数据，单击"InPrivate 浏览"按钮，进入 InPrivate 状态网页，如图 6-13 所示。

④ 在地址栏输入网址，对应打开网页，该网页将不保存包括 Cookie、Internet 临时文件、历史记录以及其他数据。

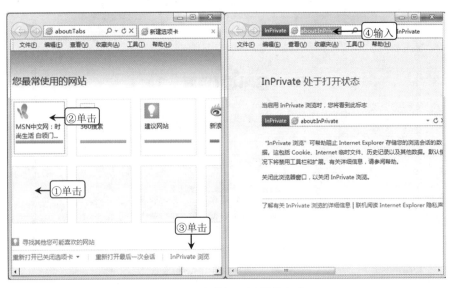

图 6-13　多种打开网页的方式

6.2.2　搜索网络信息

（1）关键字搜索。

● 通过百度搜索珠海旅游资源。

① 在百度页面的搜索栏中输入"珠海旅游"，单击"百度一下"按钮，可查看珠海旅游信息的网页，如图 6-14 所示。

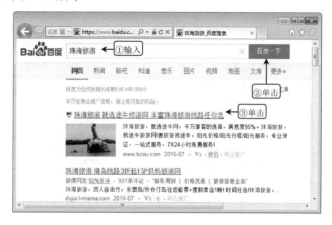

图 6-14　关键字搜索

② 选择相关网页单击打开查看。

（2）高级搜索。

● 只搜索 Word 文档的珠海旅游信息。

① 在百度搜索右上角单击"设置"下拉按钮，在弹出的下拉列表中选择"高级搜索"选项，进入"高级搜索"页面，如图 6-15 所示。

② 在"不包括以下关键字"文本框中输入"攻略"。

③ 在"文档格式"下拉列表中选择"微软 Word（.doc）"选项。

④ 单击"百度一下"按钮搜索。

✎说明

通过关键字搜索的信息量繁多，但不是完全符合要求，可通过高级搜索方法，设定搜索条件，如网页必须包含或不包含的关键字、文件类型、发布时间等，进一步缩小搜索范围。

✿技巧

使用双引号表示完全符合。输入带有双引号的"珠海旅游"将会搜索所有包含"珠海旅游"词组的网站。

使用"and"表示全部包含的关键字，"or"表示包含至少一个关键字，"not"表示不包含的关键字。

（3）分类搜索。

● 搜索歌曲《时间都去哪里了》。

① 在百度搜索右上角单击"更多产品"列表中选择"音乐"选项，进入音乐搜索页面，

如图 6-16 所示。

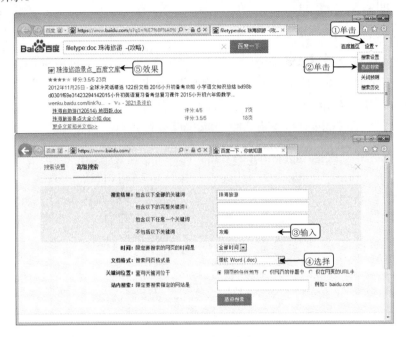

图 6-15　高级搜索

图 6-16　分类搜索

② 在搜索栏中输入音乐名称，如"时间都去哪儿了"。

③ 单击"百度一下"按钮搜索。

6.2.3 保存网页信息

通过网络搜索到相关资源后，可获取资源并保存到本地磁盘，依据不同类型的资源，采用不同保存方式。

（1）保存网页内容。

● 从网页上截取珠海旅游的相关信息，并保存。

① 在网页上选择要复制的文本，右击，在弹出的快捷菜单中选择"复制"命令即可复制选定文本，如图 6-17 所示。

图 6-17 保存网页内容

② 在图片上右击，在弹出的快捷菜单中选择"图片另存为…"命令即可保存网页图片。

（2）保存网页。

● 保存珠海旅游信息的整体网页。

① 在网页上选择要保存的网页，选择"工具|文件|另存为…"命令，弹出"保存网页"对话框，如图 6-18 所示。

② 选择保存位置、输入文件名，并指定保存类型，单击"确定"按钮保存网页。

（3）保存网址至收藏夹。

对于一些经常访问的网站，可以保存其网址至收藏夹，下次访问即可直接单击进入。

● 将百度地址收藏到收藏夹中新建的网络文件夹中。

① 输入"www.baidu.com"网址打开对应网页，单击"收藏夹"按钮，将弹出收藏夹工具栏，如图 6-19 所示。

图 6-18　保存网页

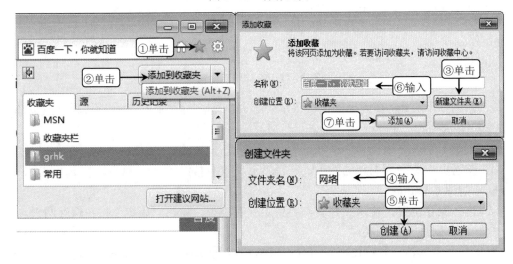

图 6-19　收藏网址

② 单击收藏夹工具栏上的"添加到收藏夹"按钮，弹出"添加收藏"对话框。

③ 单击"新建文件夹"按钮，弹出"创建文件夹"对话框。

④ 在"文件夹名"文本框中输入文件夹名，并单击"创建"按钮返回到"添加收藏"对话框。

⑤ 在"名称"文本框中输入显示的网址名，单击"添加"按钮将网址保存在收藏夹中。

6.2.4 下载文件资料

网页信息可直接通过网页保存，但大量的文件信息则需要直接或利用工具下载使用。

（1）直接下载文件。

● 下载迅雷安装到本地磁盘。

① 打开迅雷网站，找到对应软件，单击"下载"按钮，将在网页最下端弹出下载对话框，如图 6-20 所示。

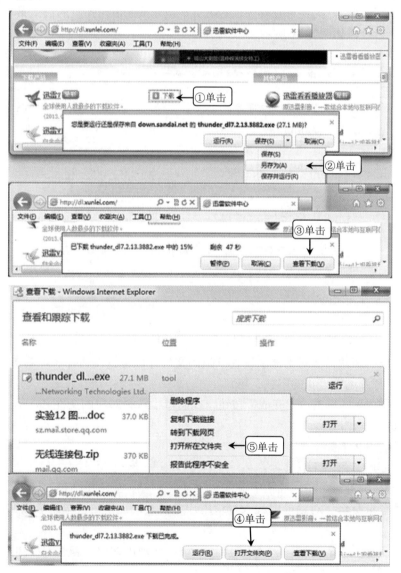

图 6-20　直接下载文件

② 单击"保存"下拉按钮，设置保存文件的路径，即可从网站下载文件。

③ 在下载过程中可通过单击"查看下载"按钮查看下载进度。

④ 文件下载完成后，将在当前网页最下端弹出下载完成对话框；单击"运行"按钮（程序为"运行"，文件为"打开"）可直接打开或运行下载的文件，单击"打开文件夹"按钮则打开该下载文件所在文件夹，单击"查看下载"按钮则弹出"查看下载"对话框，查看下载信息。

⑤ 在下载的文件栏右击，在弹出的快捷菜单中选择"打开所在文件夹"命令可打开对应文件夹进行操作。

（2）利用工具软件下载文件。

● 使用迅雷下载 QQ 安装到本地磁盘。

① 打开腾讯网站，找到对应软件，右击"下载"按钮，在弹出的快捷菜单中选择"使用迅雷下载"命令，如图 6-21 所示。

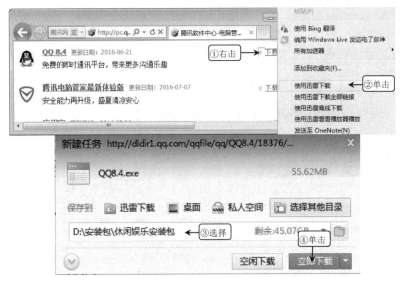

图 6-21　利用工具下载文件

② 在弹出的新建任务对话框中设置下载的文件存放位置及文件名，单击"立即下载"按钮下载，并打开迅雷"我的下载"窗口。

③ 下载完成后，单击"已完成"按钮，在窗口中选择对应的文件名，单击"打开"按钮，对文件进行操作。

（3）利用 FTP 下载文件。

● 在指定 FTP 网站下载资源。

① 打开 IE 浏览器，在地址栏中输入 FTP 资源网站，如"ftp://127.0.0.1"。

② 在"登录身份"对话框中输入登录用户名和密码，单击"登录"按钮，如图 6-22 所示。

③ 访问 FTP 网站，选择需要的资源，右击，在弹出的快捷菜单中选择"复制到文件夹"命令，设置下载资源位置，保存资源。

④ FTP 可能有多个用户，如更改访问用户名，在 FTP 窗口右击，在弹出的快捷菜单中选择"登录…"命令，将弹出"登录身份"对话框，可重新登录。

⑤ 如没有用户名和密码，且网站允许匿名访问，可选中"匿名登录"复选框。

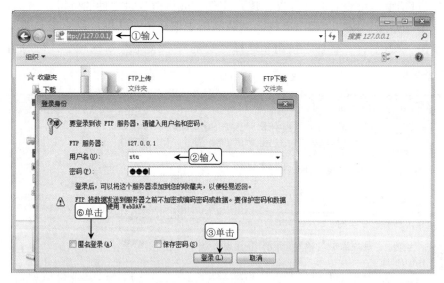

图 6-22　FTP 访问

✎说明

◆搜索 FTP 网站时，不少 FTP 网站有指定的端口号，输入地址时，网址和端口号之间用"："隔开，如地址为 ftp.cuhk.hk，端口号为 21，则输入地址为 ftp:// ftp.cuhk.hk:21。

6.2.5　IE 浏览器设置

● IE 浏览器允许用户对 Internet 访问进行个性化设置。

① 选择"工具|Internet 选项"命令，即弹出"Internet 选项"对话框，如图 6-23 所示。

② 在"主页"文本框中输入"www.baidu.com"，单击"使用当前页"按钮，将百度设置为 IE 主页，即打开 IE 时立即载入百度页面。

③ "浏览历史记录"选项组中，单击"设置"按钮，弹出"Internet 临时文件和历史记录设置"对话框，可查看其文件夹，读取文件，或修改临时文件的位置。

④ 单击"删除"按钮，弹出"删除浏览的历史记录"对话框，可删除相关历史文件。

⑤ 单击"颜色"、"字体"按钮和选择"安全"、"隐私"等选项卡，可对 IE 进行用户个性化设置。

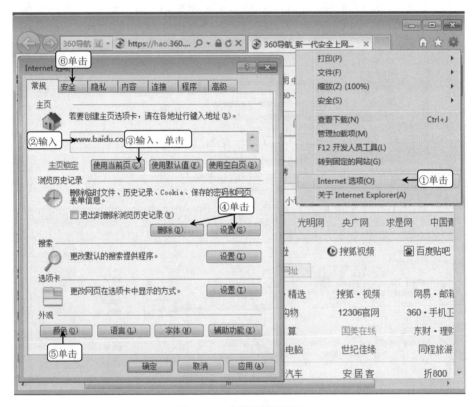

图 6-23　IE 浏览器设置

任务 3　收发邮件

任务描述

通过邮件系统给好友推荐珠海旅游资源。

270

任务分析

要利用邮件系统给好友推荐珠海旅游资源，必须实现网络通信，通过任务掌握注册电子邮箱并登录访问；将邮箱地址添加到联系人中；发送邮件；查看邮件确定回复信息等操作。

相关知识

1. 电子邮件

电子邮件即 E-mail，地址的格式为：用户名@域名，如 joyce270@live.cn。其中，字符"@"将用户名和域名分隔，在"@"之前的"joyce270"为用户自行注册的名字，在"@"之后是邮箱所在服务器域名。

2. 电子邮件协议

电子邮件传输协议包含接收和发送两种。其中，SMTP 是简单邮件传输协议，用于发送邮件，将邮件从一个服务器传送到另一个服务器。POP3 是互联网电子邮件协议 3，用于从邮件服务器下载邮件到用户机。在实际的应用中，不同的网站采用不同的服务器，如 163 采用 POP 服务器，因此在进行设置时可先查询邮箱服务网站确定。

任务实施

6.3.1 注册登录电子邮箱

● 为进行邮件通信，必须先注册邮箱，注册新浪邮箱。

① 输入地址"www.sina.com"，打开主页，单击"邮箱"超链接，进入邮箱页面，单击"免费注册"超链接，进入注册页面。

② 在注册页面输入相关信息，如图 6-24 所示。

③ 单击"同意以下协议并注册"按钮，完成邮箱注册。

④ 重新打开新浪主页，输入注册的邮箱 ID 和密码登录邮箱。

图 6-24 注册电子邮箱

6.3.2　设置通讯录

在电子邮件中，包含有联系人功能，可用于保存常用联系人的信息。

● 将好友的电子邮件地址添加到联系人中。

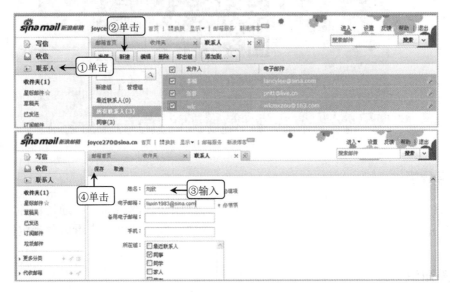

图 6-25　添加联系人

① 登录新浪邮箱后，在网页左侧单击"联系人"按钮，进入"联系人"页面，如图 6-25 所示。

② 单击"新建"按钮。

③ 输入添加的联系人相关信息后，单击"保存"按钮即可。

④ 选中联系人对应栏复选框，单击"发信"按钮，即可及时发送邮件。

6.3.3　编写发送邮件

● 给好友发送邮件，商讨珠海旅游信息，由于时间紧急，将邮件列为"紧急邮件"。

① 登录新浪邮箱后，在网页左侧上端单击"写信"按钮撰写邮件，如图 6-26 所示。

② 输入收件人邮箱地址，如添加多人直接空格即可，亦可在右侧单击"联系人"按钮添加。

③ 填写文件主题"珠海旅游"。

④ 单击"添加附件"按钮，在打开的"选择文件"窗口中选择要添加的文件。

⑤ 因为是紧急邮件，为使收件人重视，可选中"紧急"复选框，表示为重要性文件。

⑥ 为查看是否收到邮件，可选中"回执"复选框，表示要求收信人收信后可自动回复。单击"发送"按钮即可发送邮件。

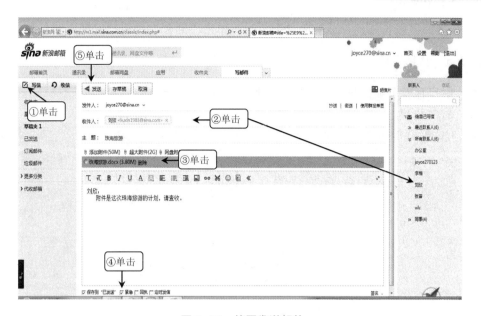

图 6-26　编写发送邮件

6.3.4　查阅电子邮件

● 读取邮件，下载附件并回复。

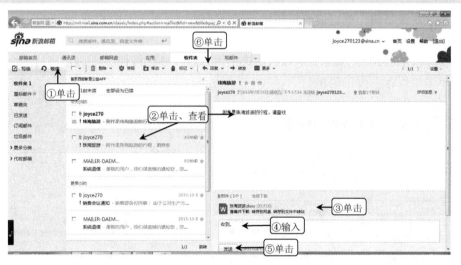

图 6-27　查阅电子邮件

① 登录新浪邮箱后，在网页左侧上端单击"收信"按钮可查看所有邮件列表，如图 6-27 所示。

② 单击邮件名，打开邮件阅读。

③ 在"附件"中单击"查毒并下载"超链接，将附件中的相关文件保存到本地。

④ 在阅读邮件后直接在下端文本框中输入快速回复的简单信息，单击"发送"按钮给发件人回复邮件。

⑤ 如要回复较长邮件，或有附件回复时，单击"回复"按钮给发件人回复邮件。

6.3.5 代收邮件

当一用户有多个邮件时，可使用一个邮箱管理多个邮箱。

（1）启用 POP。

● 用 QQ 邮箱代收新浪邮箱邮件，须先启动新浪的 POP 服务。

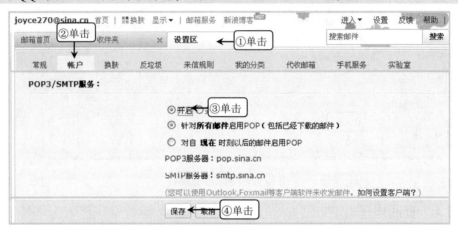

图 6-28 启用 POP

① 登录新浪邮箱，单击设置按钮进入"设置区"页面，如图 6-28 所示。

② 单击"账户"按钮。

③ 在"POP3/SMTP 服务"选项组中选中"开启"单选按钮。

④ 单击"保存"按钮退出。

（2）代收邮件。

● 用 QQ 邮箱代收新浪邮箱邮件。

图 6-29 代收邮件

① 登录 QQ 邮箱，右击"其他邮箱"，在弹出的快捷菜单中选择"添加其他邮件"命令，跳转到添加邮件页面，如图 6-29 所示。

② 输入新浪邮箱的用户名、密码，并进行收发设置。

③ 单击"确定"按钮退出添加设置页面，返回到收信页面。

④ 单击对应邮箱按钮，即可导入邮件，读取新浪邮箱邮件，并对邮件处理。

任务 4　任务体验

1．任务

制作专业学习规划，并将规划发至家人。

2．目标

（1）掌握网络连接的基本方法。

（2）掌握检索、收集并分析信息的能力。

（3）掌握电子邮件的基本应用。

3．思路

（1）建立网络连接。

（2）利用网络搜索相关本专业的信息，包括专业的工作岗位群、发展前景、市场需求，专业知识技能要求，本学院专业人才培养方案、课程开设等。

（3）整理资料，并依据自身特点自行编辑文档，制定专业学习规划。

（4）通过电子邮件将学习计划发至家人。

反侵权盗版声明

电子工业出版社依法对本作品享有专有出版权。任何未经权利人书面许可，复制、销售或通过信息网络传播本作品的行为；歪曲、篡改、剽窃本作品的行为，均违反《中华人民共和国著作权法》，其行为人应承担相应的民事责任和行政责任，构成犯罪的，将被依法追究刑事责任。

为了维护市场秩序，保护权利人的合法权益，我社将依法查处和打击侵权盗版的单位和个人。欢迎社会各界人士积极举报侵权盗版行为，本社将奖励举报有功人员，并保证举报人的信息不被泄露。

举报电话：（010）88254396；（010）88258888

传　　真：（010）88254397

E-mail：　dbqq@phei.com.cn

通信地址：北京市万寿路 173 信箱

　　　　　电子工业出版社总编办公室

邮　　编：100036